Contemporary Green Prefab

industrialized & kit architecture

monsa

CONTEMPORARY GREEN PREFAB, INDUSTRIALIZED & KIT ARCHITECTURE

Editor, idea and projects management | Editor, idea y dirección de proyecto:
Josep Maria Minguet

Texts and projects selection | Selección de proyectos y textos:
Oscar Mira

Design and layout | Diseño y maquetación:
Patricia Martínez
Equipo editorial Monsa

Translation | Traducción:
Babyl traducciones

Cover photo | Fotografía de la portada:
Joe Fletcher Photography

© INSTITUTO MONSA DE EDICIONES
Gravina, 43
08930 Sant Adrià de Besòs
Barcelona, España
Tel. +34 93 381 00 50
Fax +34 93 381 00 93
monsa@monsa.com
www.monsa.com

ISBN: 978-84-15223-47-4

Kit

Prefab

Industrialized

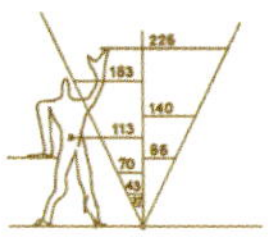

Modular

Since the first shelter was built, man has consciously or instinctively been endeavouring to build practical and financially sound constructions in the shortest time possible, whether they are erected in the wilderness, in large numbers or at a greater assembly speed. Society has accepted prefabrication and industrialised methods, shifting the construction processes from the building site to the factories and workshops where frames, modules, panels and assembly kits are made.

The history of prefabricated architecture tells a passionate story of the desires and needs of individuals and the societies in which they live. The industrial processes produce products and goods to satisfy society's needs, so why can't the same industrial processes be open to producing quality, sustainable and contemporary architecture? Also, is prefabricated architecture a passing necessity in times of crisis or an architectural discourse valid for any situation? Or, as Barry Bergdoll observes, is prefabricated architecture the definitive union between architecture and industry or just the natural evolution of the construction industry? These are questions that society as well as architects will attempt to answer over the coming decades. In order to articulate the projects covered in this edition, we have outlined and summarised a timeline of the most important and significant events related to prefabricated architecture.

1830. Manning Portable Cottage

The "portable" country cottage that Englishman H. John Manning designed for his son, who was emigrating to Australia from London, became the prototype for the first prefabricated house on record. Later known as the Manning Portable Colonial Cottage for Emigrants, the house was based on a practical system of wooden frames and internal components.

1849. Naylor Houses

Peter Naylor was one of the most successful makers of prefabricated houses made from corrugated galvanized iron, which he sold to between five and six hundred Californian gold prospectors from his company based in New York.

1908. Sears Catalog Homes (Sears, Roebuck & Co.)

Between 1908 and 1940 the company sold over one hundred thousand houses from its catalogue "Modern Homes". A small army of designers created four hundred and forty-seven different models for the annual catalogue that promised to deliver and assemble each element of the house.

1911. American System-Built Houses (Frank Lloyd Wright)

Wright took a different approach to prefabrication by offering infinite variations. He was one of the first architects to understand and tackle the matter of housing built in a factory and consider its immense potential in times of rapid industrialisation. Wright joined forces with the construction company Richards Company and between 1911 and 1917 they drew up over nine hundred designs for a series of systemised houses using wooden frames, panelling, paving, beams, roofs, mouldings, win-

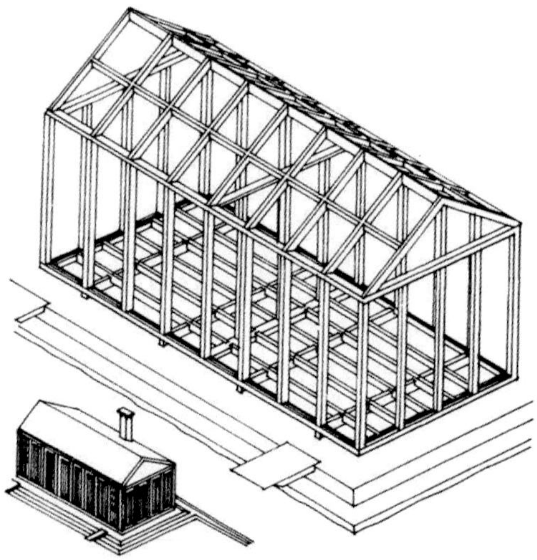

1830. Manning Portable Cottage.

Ya desde el primer refugio el hombre ha buscado de manera consciente o instintiva la practicidad, la rapidez y la economía de medios, ya sea para construir en lugares remotos, en grandes cantidades o con mayor velocidad de ejecución. La sociedad se ha valido de la prefabricación y de los métodos industrializados trasladando los procesos constructivos del propio emplazamiento del edificio a factorías, fábricas o talleres en los que se fabrican marcos, bastidores, módulos, paneles y kits de montaje.

La historia de la arquitectura prefabricada es un apasionante recorrido por los deseos y necesidades de los individuos y de las sociedades en las que viven. Los procesos industriales producen productos y bienes para la sociedad y contribuyen a satisfacer las necesidades de la misma, por lo tanto, ¿por qué no puede el mismo proceso industrial ser dispuesto para producir una arquitectura de calidad, sostenible y contemporánea? Así mismo, ¿es la arquitectura prefabricada una necesidad pasajera en tiempos de crisis o un discurso arquitectónico válido para cualquier situación? O, como plantea Barry Bergdoll, ¿es la arquitectura prefabricada la unión definitiva entre la arquitectura y la industria o únicamente una evolución natural de la industria de la construcción?

Son preguntas a las que tanto la sociedad como los arquitectos van a intentar dar respuesta en las próximas décadas. Para tratar de articular los proyectos presentados en esta edición, hemos trazado y sintetizado un *timeline* con los antecedentes más importantes y significativos de la arquitectura prefabricada.

1830. Manning Portable Cottage

La casa de campo "portátil" que el inglés H. John Manning diseñó para su hijo que emigraba a Australia desde Londres se convirtió en el prototipo de lo que sería la primera casa prefabricada documentada. Conocida posteriormente como *Manning Portable Colonial Cottage for Emigrants*, la casa presentaba un sistema práctico de marcos de madera y componentes de relleno.

1849. Naylor Houses

Peter Naylor fue uno de los más exitosos fabricantes de casas prefabricadas en hierro galvanizado acanalado, y sirvió entre 500 y 600 a los buscadores de oro californianos desde su empresa de Nueva York.

1908. Sears Catalog Homes (Sears, Roebuck & Co.)

Entre 1908 y 1940 la compañía vendió más de 100.000 casas a través de su catálogo "Modern Homes". Un pequeño ejército de diseñadores creó 447 modelos diferentes para el catálogo de ventas anual, que prometía la entrega a domicilio y el ensamblaje de cada elemento de la casa.

1911. American System-Built Houses (Frank Lloyd Wright)

El acercamiento de Wright a la prefabricación se diferenció por su búsqueda en la producción de variaciones infinitas. Fue uno de los primeros arquitectos en comprender y abordar la cuestión de la casa construida en una fábrica y en contemplar su

1849. Naylor Houses.

1908. Sears Catalog Homes.

dows and doors which would be precision built in the factory and wouldn't require any on site carpentry. This would result in reduced construction time and costs.

1922. Baukasten (Walter Gropius and Adolf Meyer)
An interest in prefabrication was also sparked within the walls of Bauhaus. Between 1922 and 1923, Gropius and Meyer developed a standard system called *Baukasten* (basic components) in which the building elements were produced industrially, operating as a set of interconnecting variable parts to create an infinite series of configurations.

1929. Dymaxion House (Buckminster Fuller)
The Dymaxion House was created to correct the faults that Fuller had found in existing construction techniques, and whereby the design facilitated transport and packing.

1931. Copper Houses (Walter Gropius & Associates)
As a result of the housing crisis in Germany in the 1920s, the company Aron Hirsch and Son, an industrial copper company, took an interest in mass-produced fabricated housing. It obtained a patent for transportable housing from the architects Friedrich Forster and Robert Krafft, establishing a special division for manufacturing prefabricated copper houses. Walter Gropius was hired to refine the existing models and in 1932 he submitted two of the prototypes he had developed for the Second German Building Exhibition under the slogan "Sun, Air, and Housing for All!"

1933. Keck Crystal House (George Fred Keck)
In his four point manifesto, Keck not only defined a formal typology, but also many architectural issues that were entirely new for the times: open plan layout in relation to cost efficiency, the house at the service of its inhabitants and not vice versa, the importance of health, passive heating, the modulation of natural light, and the need to design within the limits of mass-production without foregoing on tasteful and affordable individual expression.

1933. Stran-Steel House (O'Dell and Rowland)
Good Housekeeping magazine, the Stran-Steel Corporation, and the Detroit-based architects H.August O'Dell and Wirt C. Rowland joined forces to create one of the most innovative houses shown at the Chicago Century of Progress Exposition's Houses of Tomorrow, in 1933. The house proved extremely resistant to weather conditions and fire, but its rounded corners and the exterior frieze were more akin style-wise to its Art Deco contemporaries than the majority of the houses on display, which had a clear International Style.

1936. Jacobs House (Frank Lloyd Wright)
The Jacobs House is the most characteristic and successful example from a series of more than fifty houses that Wright designed in the later stages of his career, called the *Usonian*. More a concept than a category, the houses mark a significant period in Wright's career. On the heels of the success of Fallingwater and the Johnson Wax Building, the architect made the conscious decision to turn his attention back to one of his earlier concerns: affordable housing.

1941. Packaged House (Konrad Wachsmann & Walter Gropius)
Packaged House (General Panel System) represents the zenith of wood framed panelled housing, relatively common in the 1940s on both sides of the Atlantic. Despite the prestige of its

1911. American System-Built Houses.

inmenso potencial en un tiempo de rápida industrialización. Wright formó un equipo con la constructora Richards Company y entre 1911 y 1917 perfilaron más de novecientos diseños de una serie de viviendas sistematizadas en las que los marcos de madera, el revestimiento, pavimentos, vigas, cubiertas, molduras, ventanas y puertas serían trabajados con exactitud en la fábrica y no requerirían de carpintería local alguna. El resultado se traduciría en tiempo de construcción y costes reducidos.

1922. Baukasten (Walter Gropius y Adolf Meyer)
Las semillas de la fascinación por la prefabricación también calaron en el interior de la Bauhaus. Entre 1922 y 1923, Gropius y Meyer desarrollarían un sistema estándar llamado *Baukasten* (componentes básicos) en el que los elementos del edificio fuesen producidos de manera industrial, pudiendo funcionar como un equipo variable de partes trabándose para formar una serie infinita de configuraciones.

1929. Dymaxion House (Buckminster Fuller)
La casa Dymaxion fue desarrollada para corregir los fallos que Fuller había encontrado en las técnicas de construcción existentes, considerando en su diseño la facilidad de transporte y de ensamblaje.

1931. Copper Houses (Walter Gropius & Associates)
Debido a la crisis de la vivienda en la Alemania de los años 1920, la firma Aron Hirsch e Hijo, una empresa de la industria del cobre, se interesó en el negocio de la vivienda fabricada en serie y adquirió una patente de casas transportables de los arquitectos Friedrich Forster y Robert Krafft, estableciendo una división especial para fabricar casas de cobre prefabricadas. Walter Gropius fue contratado para refinar los modelos existentes y en 1932 presentó dos de los prototipos que había desarrollado para la Segunda Exposición Alemana de la Edificación bajo el lema "Sol, Aire, y Vivienda para Todos!".

1933. Keck Crystal House (George Fred Keck)
Mediante un manifiesto de cuatro puntos, Keck define no sólo una tipología formal sino también muchas cuestiones arquitectónicas que eran completamente nuevas en su momento: una planta abierta en relación a la eficacia de coste, la casa al servicio de su habitante y no viceversa, la importancia de la salud, la calefacción pasiva y la modulación de luz natural y la necesidad de diseñar dentro de los límites de la fabricación en serie sin abandonar *la oportunidad de la expresión individual* de buen gusto y económica.

1933. Stran-Steel House (O'Dell y Rowland)
La revista Good Housekeeping, la Stran-Steel Corporation y los arquitectos ubicados en Detroit H. August O'Dell y Wirt C. Rowland se unieron para fabricar una de las casas más innovadoras presentadas en la Chicago Century of Progress Exposition's Houses of Tomorrow, de 1933. La casa se mostró muy resistente a la meteorología y al fuego, pero sus esquinas redondeadas y el friso exterior la acercaba estilísticamente más a sus contemporáneos del Art Decó que a la mayoría de las casas de exposición, de claro Estilo Internacional.

1936. Jacobs House (Frank Lloyd Wright)
La casa Jacobs es el ejemplo más característico y acertado de una serie de más de cincuenta pequeñas casas conocidas como las *Usonian* que Wright diseñó en la última parte de su carrera. Más un concepto que una categoría, las casas representan una época significativa de la carrera de Wright donde, a caballo entre el éxito de Fallingwater y el Johnson Wax Building, el arquitecto tomó la decisión deliberada de cambiar su foco hacia una de sus preocupaciones más tempranas: la vivienda económica.

1941. Packaged House (Konrad Wachsmann & Walter Gropius)
Packaged House (General Panel System) representa el cénit de

1933. Stran-Steel House.

1933. Keck Crystal House.

authors, the house, like so many others that came before and after it, would fail as a house, yet remains influential today for its conceptual approach rather than for its limited commercial success.

1941. Quonset Hut (Otto Brandenberger for George A. Fuller)
A more evolved version of the British-built Nissan model and still used today, the Quonset Hut is perhaps the most ubiquitous prefabricated structure born out of a war period.

1942. Yankee Portables (Marcel Breuer)
Breuer created a minimum American home inspired by Henry Ford's production lines and the automotive industry, but in this case using wood. The result was a house that could be dismantled and sit on concrete foundations. The house could be built in different sizes depending on the number of bedrooms and the interiors were finished in plywood. One of the most remarkable elements of this modest house was an elastic joint that provided considerable tolerance against potential imperfections within the prefabricated structural elements.

1948. Lustron Homes
After the Second World War, the American government looked into building new houses for returning servicemen. Carl Strandlund received a state loan to produce steel homes with porcelain-coated panels, and steel interior frames, walls and ceilings. He founded the Lustron Corporation and built two thousand four hundred and ninety-eight Lustron homes in an old aeroplane factory in Columbus, Ohio, between 1949 and 1950. Lustron homes were designed to do away with the need for maintenance and cost approximately seven thousand dollars.

1950-2000. The decline of the prefabricated house
Even though important architects such as Wright, Gropuis, Breuer and Le Corbusier were designing prefabricated houses in the 30s and 40s, towards the end of the Second World War, the age of the prefabricated house went into decline. The abundant American middle class, born during the depression and war lost interest in this type of cheap housing (expect for the Lustron home). And, although construction took many ideas from prefabrication and even the use of the modular construction, after 1950, prefabricated housing became synonymous with mobile homes. As mobile homes were so cheap, many people stopped moving around and used them as permanent, static homes.

2000-2020. Modern day prefabricated houses
Today, many architects and designers are reviving the prefabricated house, designing products that incorporate the very best elements of prefabrication and sustainability, and combining them with the individuality and unique quality of traditionally built housing. Available in a wide range of materials, styles and prices, contemporary prefabricated houses are built on the rich history of their predecessors.

1936. Jacobs House.

1941. Quonset Hut.

las casas paneleadas con marco de madera, bastante habituales hacia 1940 a ambos lados del Atlántico. A pesar del caché de sus autores, la casa, como tantas otras antes y después de ella, fallaría por último como vivienda, manteniendo hoy su influencia más en virtud de sus planteamientos conceptuales que por su escaso éxito comercial.

1941. Quonset Hut (Otto Brandenberger para la compañía George A. Fuller)
Quonset Hut es quizás la estructura prefabricada más ubicua nacida de un período de guerra, evolución del modelo Nissen británico y todavía utilizada en la actualidad.

1942. Yankee Portables (Marcel Breuer)
Breuer procuró crear la casa mínima americana y tomó como seña de identidad las cadenas de producción de Henry Ford y la industria automotriz, pero en este caso usando la madera. El resultado era una casa de madera desmontable que podía asentarse sobre una losa. La casa podría tener tamaños diferentes según el número de dormitorios y los interiores debían ser terminados en contrachapado. Uno de los elementos más notables de esta casa modesta era una junta elástica que permitía una tolerancia sustancial frente a las imperfecciones potenciales dentro de los elementos prefabricados estructurales.

1948. Lustron Homes
Después de la Segunda Guerra Mundial, el gobierno estadounidense se interesó en crear nuevas viviendas para los militares que regresaban al país. *Carl Strandlund* obtuvo un préstamo estatal para producir casas de acero revestidas con paneles de porcelana, con marcos, paredes y techos interiores de acero. Fundó la Lustron Corporation y construyó aproximadamente 2.498 casas Lustron en una antigua factoría de aviones en Columbus, Ohio, entre 1949 y 1950. Las casas Lustron fueron diseñadas para no necesitar mantenimiento y costaban aproximadamente 7,000 dólares.

1950-2000. El declive de la casa prefabricada
Aunque significativos arquitectos como Wright, Gropuis, Breuer o Le Corbusier diseñaran casas prefabricadas durante los años 30 y 40, hacia el final de la Segunda Guerra Mundial la época de las casas prefabricadas entró en retroceso. La abundante clase media americana nacida de la depresión y la guerra perdió el interés en este tipo de viviendas baratas (a excepción de las Lustron). Y aunque la construcción tomara muchas ideas de las prefabricación e incluso el uso de la construcción modular, después de 1950 las casas prefabricadas se hicieron sinónimas de viviendas móviles. Y las viviendas móviles eran tan baratas que finalmente muchas personas dejaron de moverse con ellas y se instalaron, usando sus viviendas móviles como sus residencias permanentes.

2000-2020. Las casas prefabricadas en la actualidad
Hoy en día, muchos arquitectos y diseñadores han revivificado la casa prefabricada, diseñando productos que incorporan las mejores implementaciones de la prefabricación, las más óptimas prestaciones en cuanto a sostenibilidad, y la individualidad y singularidad de las casas tradicionalmente construidas. Disponibles en una gran variedad de materiales, estilos y precios, las casas prefabricadas contemporáneas se erigen sobre la rica historia de sus predecesoras.

Oscar Mira
architect | arquitecto

1948. Lustron Homes.

1950-2000. The decline of the prefabricated house.
El declive de la casa prefabricada.

MiniHouse ONE+

Add-a-room

Location: Stockholm, Sweden
2010
Area: 15 m²
Photos: Matti Marttinen
www.addaroom.eu

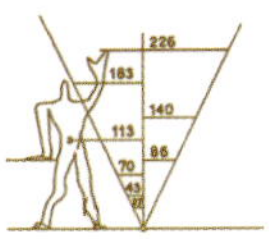

Based on 15 square meter modules, the house is designed for those needing extra space on their lot, either as a small summerhouse or as an addition to an existing house. ONE+ can be positioned in various ways in conjunction with other ONE+ units for a variety of building designs, just like playing with Lego pieces. So, the houses can be linked together and grow as needed. "You only buy what you need. If the family grow after some years you just add on more modules", said Danish architect Lars Frank Nielsen. This Danish-Swedish cooperation has placed great emphasis on smart solutions, which connect the units in a unique way, as well as erase the lines between indoor and outdoor, by using large verandas, outdoor kitchen and shower. The houses are built with solid Scandinavian materials that require minimal maintenance and all units come with electricity and plumbing ready to go as well as the veranda and pergola. The mini house ONE+ was launched at Ulriksdal Castle in Stockholm, Sweden, in summer 2010. The basic ONE+ module is 15 sq meters with the possibility of a kitchen and/or bathroom, and also could be expanded with a sauna. ONE+ can, now or in the future, be linked together with other ONE+ modules, and this can be done in many different ways to create a variety of designs and to meet different needs. New for the season is the sauna for multiple use. The sauna module is 3 x 2,4 meters and is possible to connect to the ONE+ house, use as a sauna or as an extra room. Another alternative is to put it on a fleet and use it as a sauna raft instead.

Dispuesta en módulos de 15 metros cuadrados, la casa está diseñada para los que necesitan un espacio adicional en su terreno, ya sea como una pequeña casa de verano o como ampliación de una vivienda ya existente. One+ puede colocarse de distintas maneras junto con otras unidades para crear una variedad de diseños de construcción, como si se jugara con piezas Lego. De este modo, las casas pueden unirse y crecer en tamaño según se desee. "Sólo compras lo que necesitas. Si, después de unos años, la familia crece, simplemente añades unos módulos más", dice el arquitecto danés Lars Frank Nielsen. Esta colaboración sueco-danesa ha puesto especial énfasis en las soluciones inteligentes, que conectan unidades de forma única y eliminan las diferencias que existen entre el interior y el exterior mediante grandes porches, una cocina descubierta y una ducha exterior. Las casas se han construido con sólidos materiales escandinavos que requieren un mantenimiento mínimo y todas las unidades vienen con electricidad y un sistema de cañerías listos para ser utilizados, así como un porche y una pérgola. La minicasa One+ se estrenó en el castillo de Ulriksdal en Estocolmo, Suecia, en el verano de 2010. El módulo básico One+ tiene 15 metros cuadrados y ofrece la posibilidad de añadir una cocina y/o un baño, que también puede ampliarse con una sauna. Siempre que se desee, One+ puede unirse con otros módulos de muchas maneras distintas para crear una variedad de diseños y satisfacer las distintas necesidades. La novedad de esta temporada es la sauna para diferentes usos. El módulo de la sauna mide 3 x 2,4 metros y se puede conectar a la casa One+ como sauna o como habitación extra. Otra opción es ponerla sobre una balsa y utilizarla como sauna flotante.

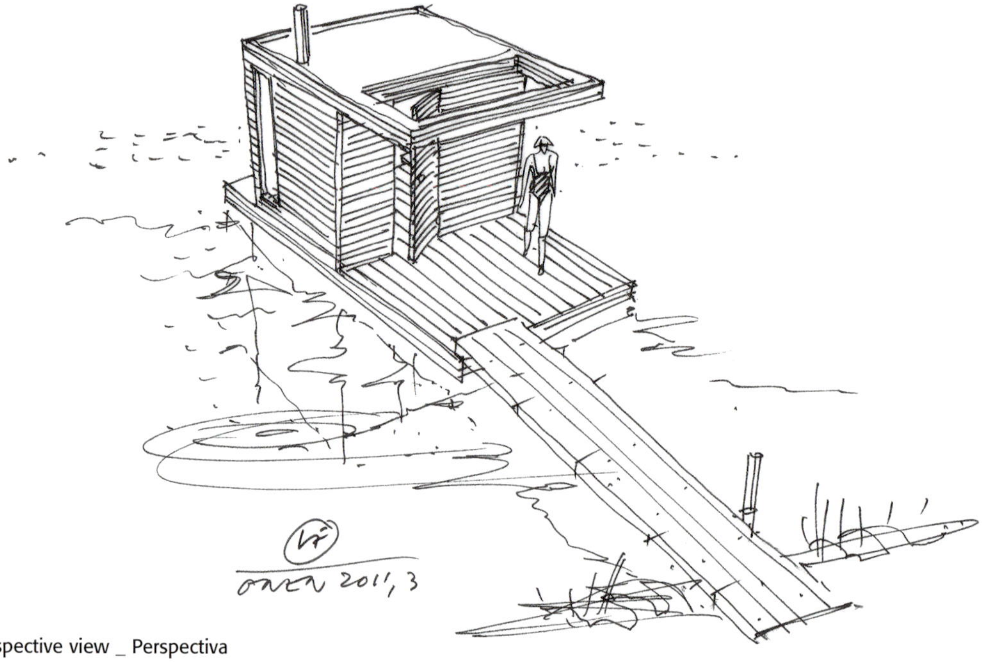

Perspective view _ Perspectiva

Architect Lars Frank Nielsen, from ONEN design, has designed the house. He has a background as one of the founders to the Danish architect company 3xN, known for the Danish embassy in Berlin and several significant buildings in Denmark and around the world. MiniHouse ONE+ house is during the summer decorated by Rigetta Klint, form SlowFashion House.

El arquitecto Lars Frank Nielsen, de Onen Design, ha diseñado la casa y, en su trayectoria profesional consta que fue uno de los fundadores de la empresa de arquitectura danesa 3xN, famosa por la embajada danesa en Berlín y varios edificios importantes en Dinamarca y en todo el mundo. En verano, la MiniHouse One+ es decorada por Rigetta Klint, de Slow Fashion House.

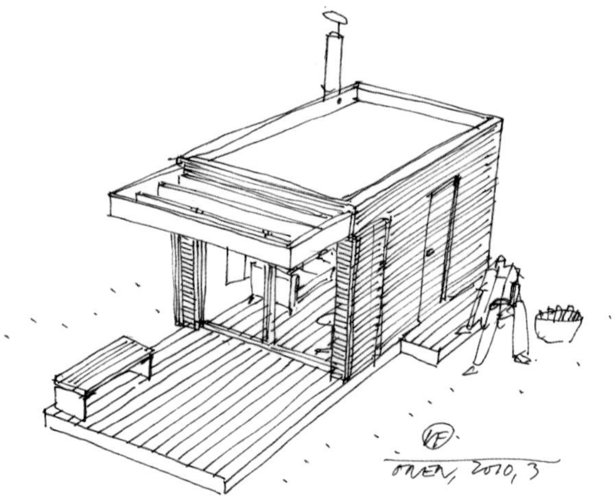

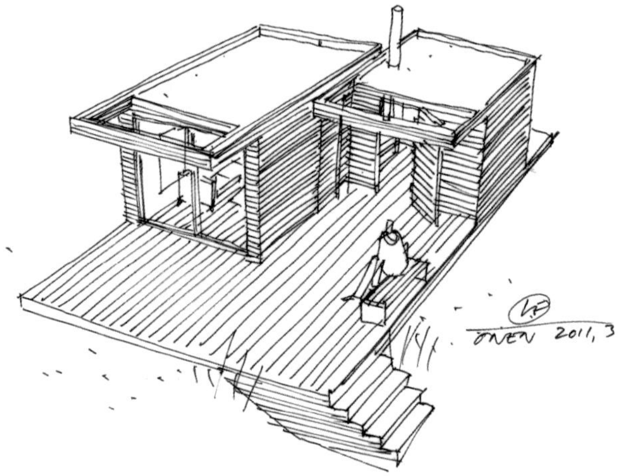

Main facade _ Fachada principal

Interior garden facade _ Fachada jardín interior

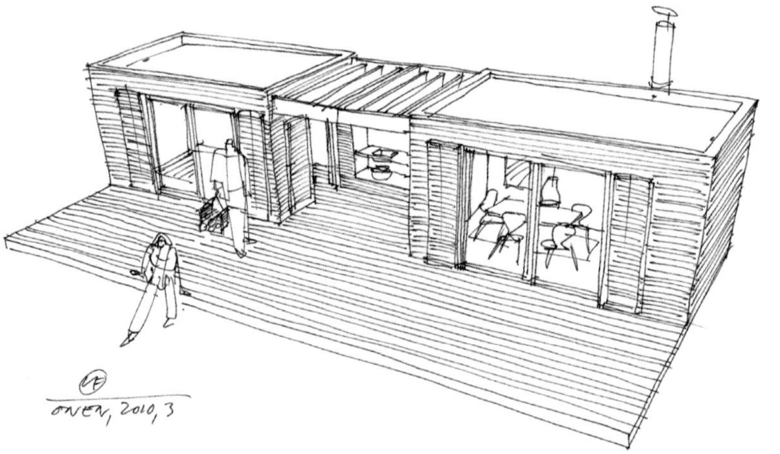

Multiple combinations _ Múltiples combinaciones

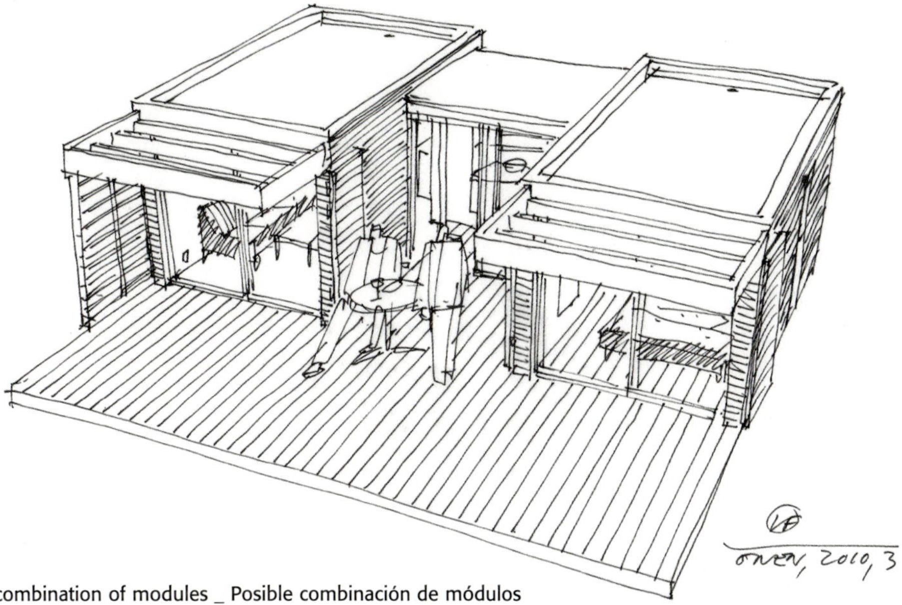

Possible combination of modules _ Posible combinación de módulos

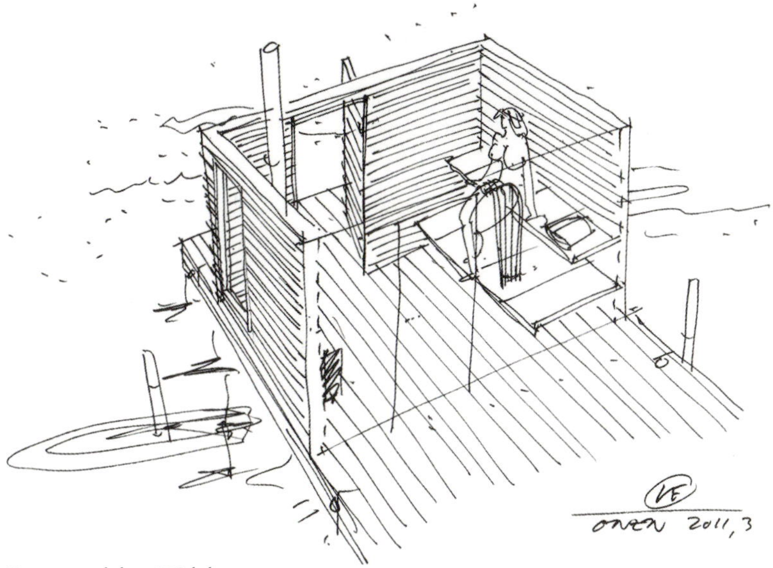

Sauna module _ Módulo sauna

Cedar House

Hudson Architects

Location: North Elmham, Norfolk, UK
2005
Area: 200 m^2
Photos: Steve Townsend
www.hudsonarchitects.co.uk

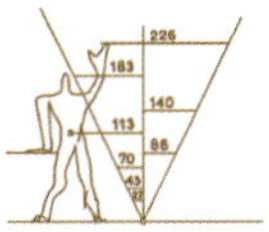

Cedar House pilots a new prototype for cost-effective new-build modern housing. It deploys innovative off-site construction, which simplifies the building process without compromising the architecture of the house. Designed for a photographer and his family, the brief wax for a simple house comprising two bedrooms and a third room, which could function as both a guest room and an office. The location of the building dictated the external envelope of the house. Situated in the countryside of north Elmham, on the river Wensum, it was important that the building was sensitive to its surroundings and sat comfortably with the local agricultural landscape. Hudson Architects designed a modest rural building simple in form and evocative of a functional farm building. This design led to research into possible elemental construction methods. Working with structural engineers Alan Conisbee Associates and off site construction specialists Framework CDM the practice adopted Framework's system of pre-fabricated timber panel floors, walls and roofing, making the entire building extremely quick to assemble on site and offering high levels of insulation. What is exceptional about the house is the way in which Hudson Architects have achieved complex spacious interiors from a prefabricated system. Keen to stretch the inherent properties of the panel system, the architects discovered that a lightweight roof structure would eliminate roof beams permitting soaring ceilings and seamless open plan spaces, and that large openings, even across corners, were achievable without the need for additional structural reinforcement.

Cedar House dirige un nuevo proyecto de casas modernas rentables y de edificación nueva. Utilizan una construcción fuera de obra innovadora que simplifica el proceso de construcción sin poner en peligro la arquitectura de la casa. Diseñada para un fotógrafo y su familia, el encargo consistía en crear una casa sencilla que tuviera dos dormitorios y una tercera habitación que pudiera funcionar tanto de habitación de invitados como de estudio. La ubicación del edificio dictaminó la envoltura externa de la casa. Situada en la campiña del norte de Elmham, junto al río Wensum, era importante que la construcción conectara con lo que le rodeaba y que fuera agradablemente compatible con el paisaje agrícola local. Hudson Architects diseñaron un modesto edificio rural con una forma sencilla que evoca a una granja funcional. Este diseño llevó a investigar posibles métodos de construcción elementales. Al trabajar con los ingenieros estructurales Alan Conisbee Associates y con los especialistas en construcciones fuera de obra Framework CDM, se optó por el sistema de Framework que consistía en suelos, paredes y techos de paneles de madera prefabricados, lo que permitió montar todo el edificio rapidísimamente en el lugar de la obra y ofrecer altos niveles de aislamiento. Lo excepcional de esta casa es la manera en como Hudson Architects han conseguido unos interiores amplios y complicados a partir de un sistema de prefabricación. Dispuestos a aprovechar al máximo las propiedades inherentes del sistema de paneles, los arquitectos descubrieron que una estructura de tejado ligera eliminaría las vigas del techo, dando lugar a techos altísimos y grandes espacios abiertos sin soldadura, y que los orificios grandes, incluso las esquinas, se podían mantener sin necesidad de una estructura de refuerzo adicional.

The prefabricated panel system used a ring beam at eaves level to effectively tie all the roof elements together, which is more efficient than using independent structural elements and allows the creation of large openings. The adopted system, however, would not normally be expected to cope with an eight meters opening in the west wall and the removal of a whole corner of the building. The panels were then specially fabricated to the specifications of the project.

Para el sistema de paneles prefabricados, se dispuso una viga anular a la altura de los aleros para atar eficazmente todos los elementos del tejado, lo cual es más provechoso que utilizar elementos estructurales independientes y permite la creación de grandes orificios. Sin embargo, no se suele prever que dicho sistema soporte un orificio de ocho metros en la pared oeste y la eliminación de toda una esquina del edificio. Por lo tanto, los paneles se fabricaron especialmente según las especificaciones del proyecto.

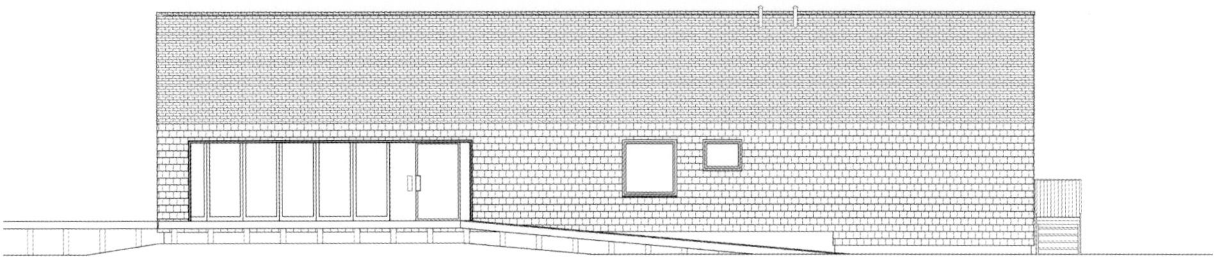

West elevation _ Alzado oeste

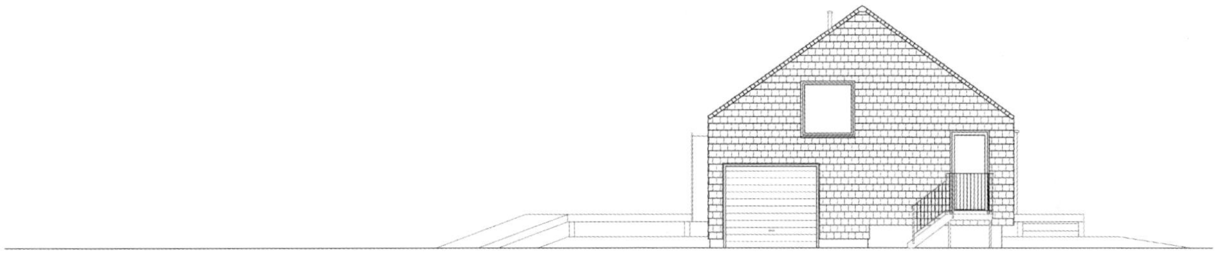

South elevation _ Alzado sur

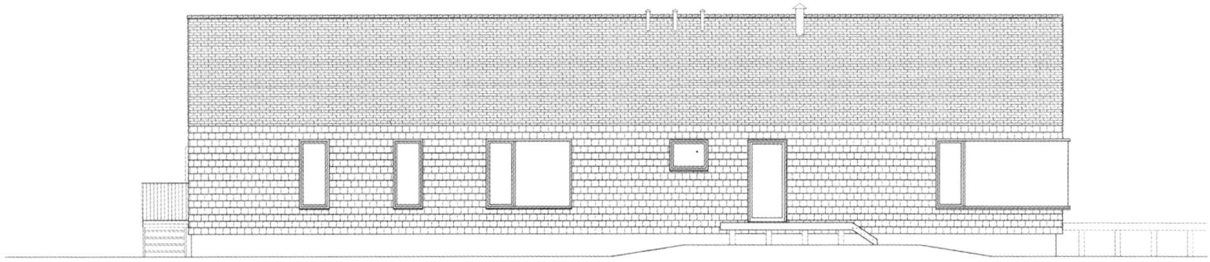

East elevation _ Alzado este

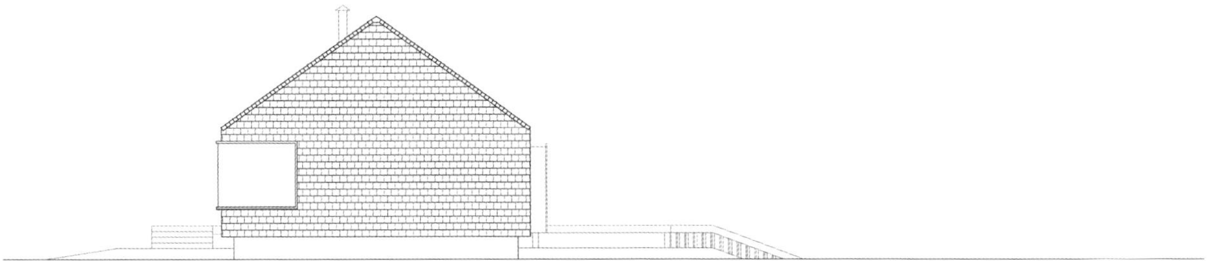

North elevation _ Alzado norte

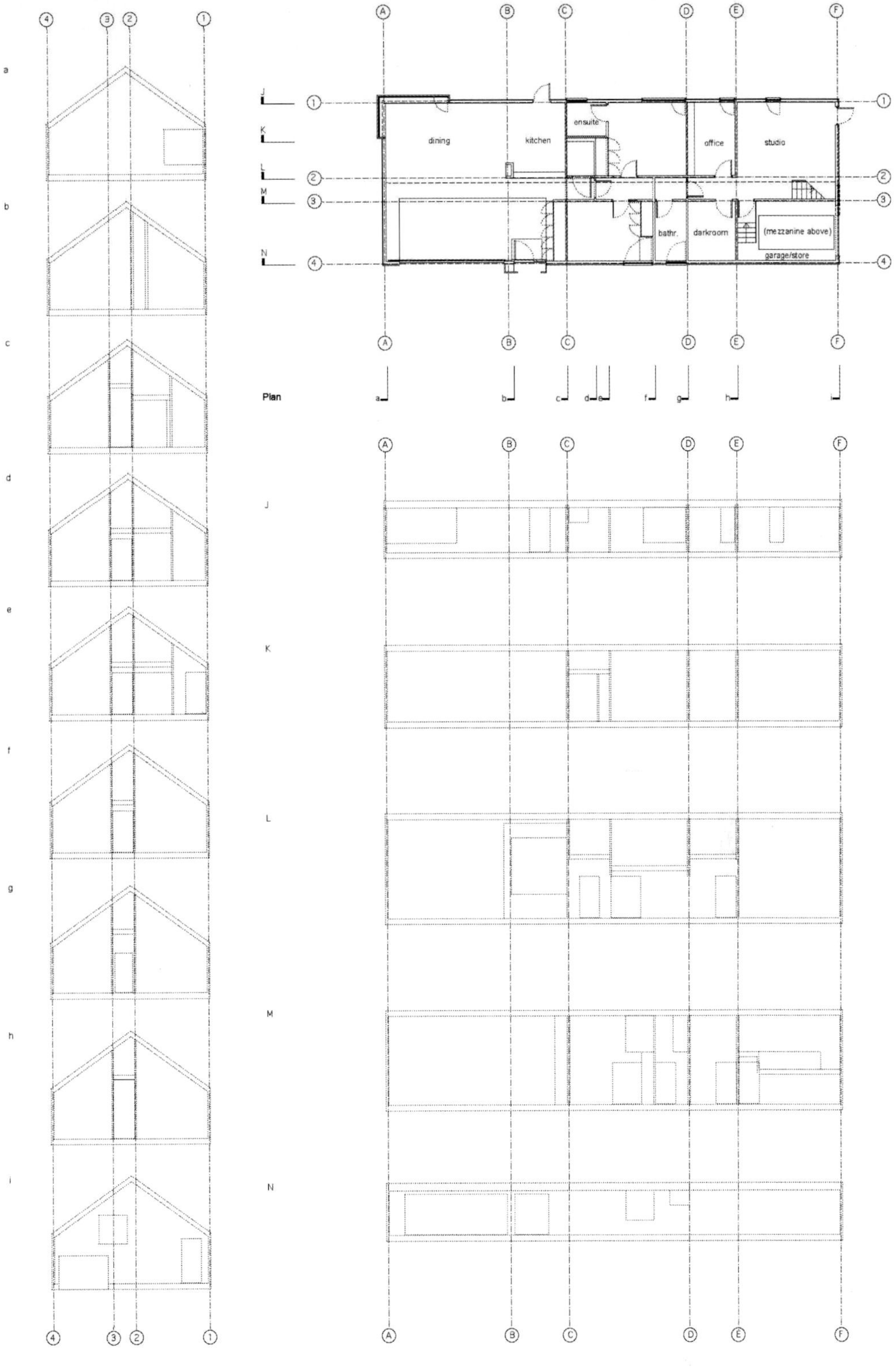

Panels _ Paneles

Externally the building has been entirely cloaked in 15,000 untreated cedar shingles, a material which belies the prefabricated system beneath. Fixed to battens over a breathable waste-woodchip building board cedar was chosen as a more cost effective alternative to weatherboarding. Coupled with the clean lines of the aluminium window surrounds and integrated into a design, which cleverly conceals obtrusive rainwater systems, the cedar reads as a dramatic sleek protective cloak, which sits harmoniously with its countryside surroundings.

Exteriormente, el edificio ha sido totalmente cubierto con 15 000 tejas de cedro sin procesar, un material que oculta el sistema de prefabricado. Fijado a los listones sobre un tablero de construcción hecho de restos de virutas de madera transpirable, el cedro fue escogido por ser una alternativa más rentable que el revestimiento solapado. Unido a las líneas limpias de los bordes de las ventanas de aluminio e integrado en el diseño, que hábilmente disimula los sistemas de penetración de agua, el cedro funciona como una capa protectora impecable y efectiva que encaja armoniosamente con los alrededores campestres.

Dunraven Sports Hall

SCABAL

Dunraven Secondary School, London, UK
2009
Area: 1,200 m^2
Photos: Jun Keung Cheung
www.scabal.net

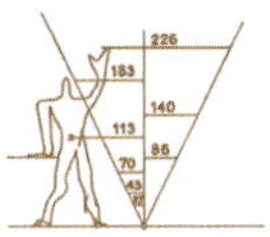

The new Sports Hall designed for Dunraven School in the London Borough of Lambeth is the first to be built in this special way anywhere in the world. SCABAL have used sea containers as both structure and internal accommodation to create an extremely simple and cost effective building that captures the participatory excitement of sports. A multi-purpose community facility that gives the school the best indoor sporting environment they could wish for "so much more than a boring shed". The carefully considered orientation of the building with the north elevation comprising a careful arrangement of translucent polycarbonate panels and clear glazing and the arrangement of the 'greenhouses' with the internal openings in the galleries, allow the interior to be flooded with natural daylight. This also makes the space suitable for exams, assemblies and other events. The unique and innovative features of the building are related to its prefabrication, on site assembly and good sustainable practices. Some improvements: made mainly from recycled sea containers, structure and accommodation, re-locatable due to its foundation design, three months off-site prefabrication, delivery and erection on site in only three days, two months for fitting out on site that implies minimal disruption to the school. Also, sustainable design principles were adopted on the project, like re-used sea containers, re-usable screw piles with low impact on existing ground and sunlight study as well.

El nuevo polideportivo diseñado para la escuela Dunraven del municipio de Lambeth es el primero en construirse de esta manera específica en todo el mundo. SCABAL utilizó contenedores de transporte, tanto para la estructura como para el interior, con el fin de crear un edificio sumamente sencillo y rentable que captara la exaltación participativa de los deportes. Es una instalación comunitaria multiusos que da a la escuela el mejor ambiente deportivo interior que se puede desear, «mucho mejor que una nave aburrida». La muy sopesada orientación del edificio junto con una elevación norte, que consta de una cuidadosa distribución de paneles de policarbonato translúcidos y vidrieras transparentes, y la posición de los «invernaderos» con las aberturas internas de las galerías, permiten que el interior se llene de la luz natural del día. Esto también hace que el lugar sea adecuado para exámenes, reuniones y otros actos. Las características especiales e innovadoras del edificio están relacionadas con la prefabricación, el montaje en el lugar de la obra y los buenos métodos sostenibles. Algunas de las mejoras son que, principalmente, está hecho de contenedores de transporte reciclados, su estructura y espacios, que es reubicable por el diseño de sus cimientos, la prefabricación fuera de obra que duró tres meses, el transporte y la construcción en el lugar en sólo tres días, y que se tardó dos meses en equiparlo, lo que supone una mínima interrupción de la actividad escolar. En este proyecto también se siguieron principios de diseño sostenibles, como los contenedores reutilizables, pilotes reutilizables que generan un bajo impacto en la tierra y, también, un estudio de la luz solar.

Internal east elevation of hall _ Alzado este interno del hall

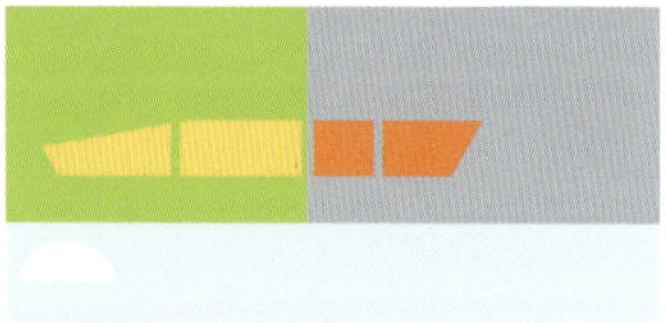

Internal south elevation of hall
Alzado sur interno del hall

Internal west elevation of hall _ Alzado oeste interno del hall

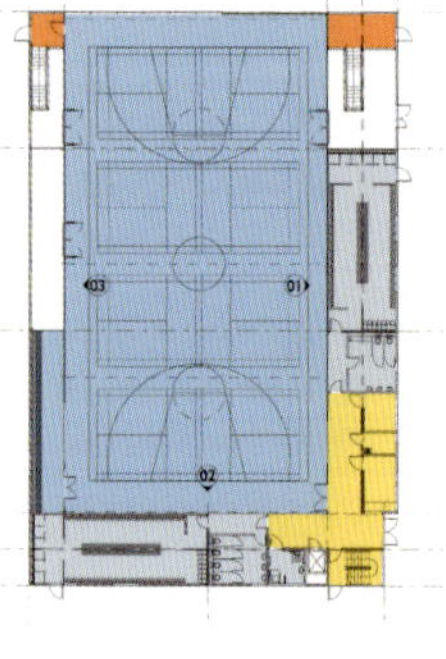

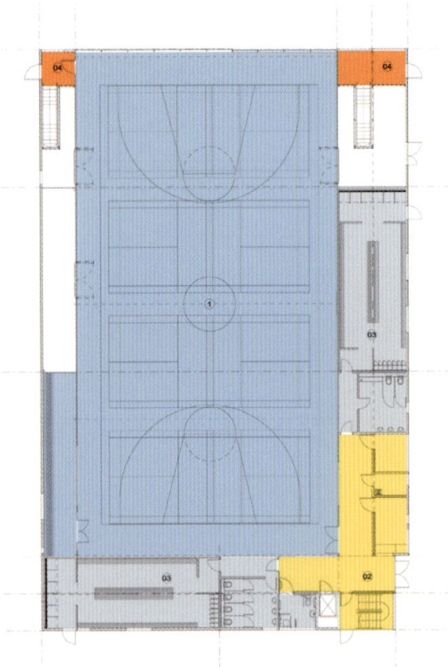

Ground floor _ Planta baja

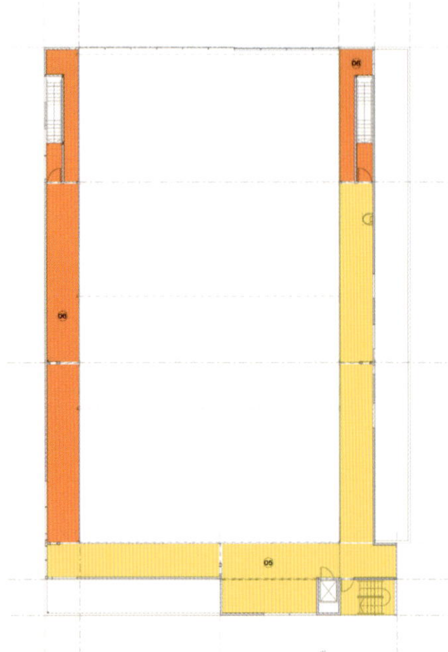

First floor _ Primera planta

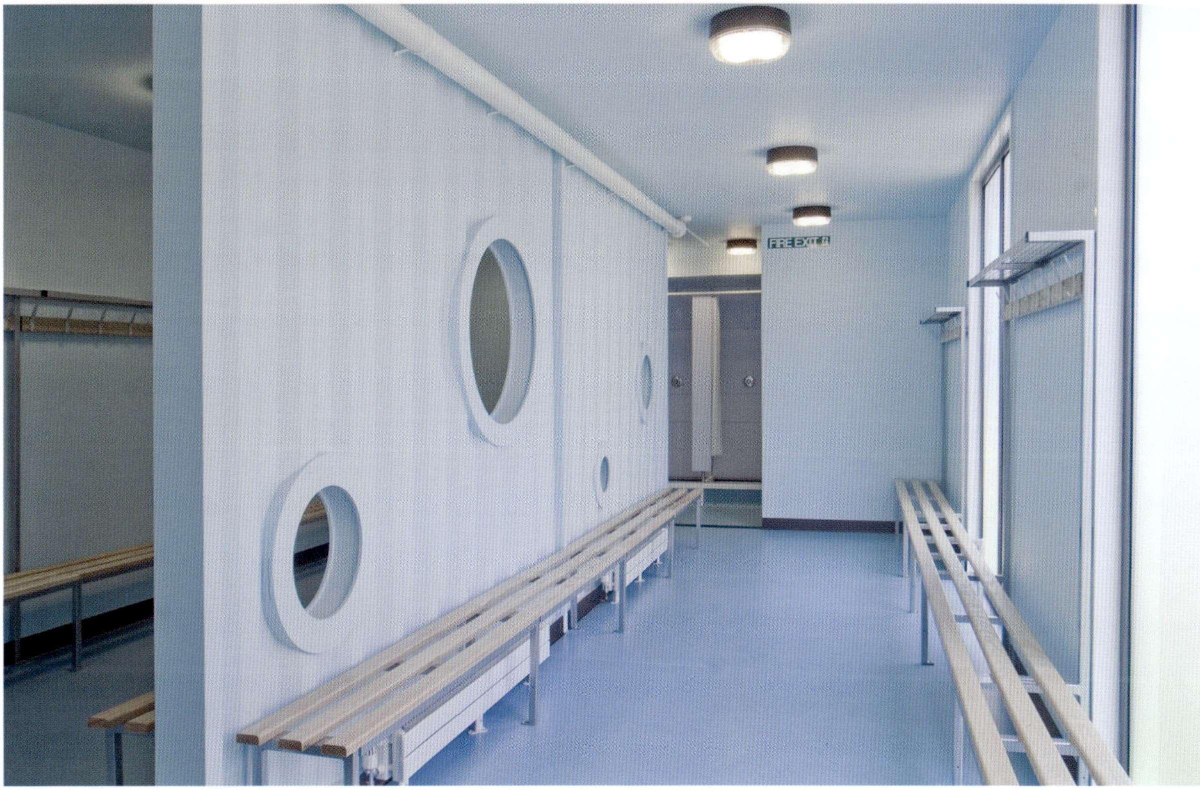
FIRE EXIT

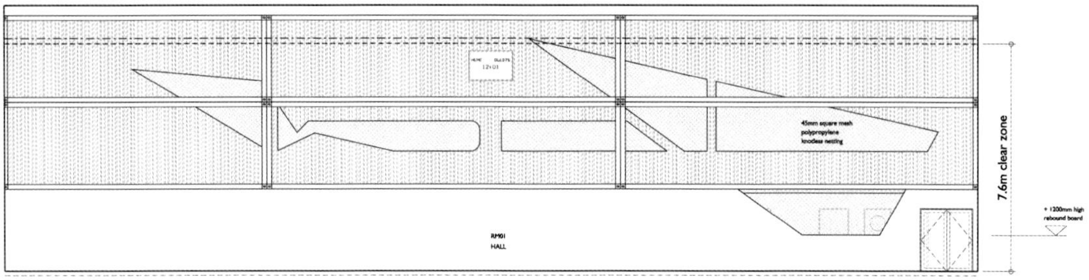

Internal east elevation of hall _ Alzado este interno del hall

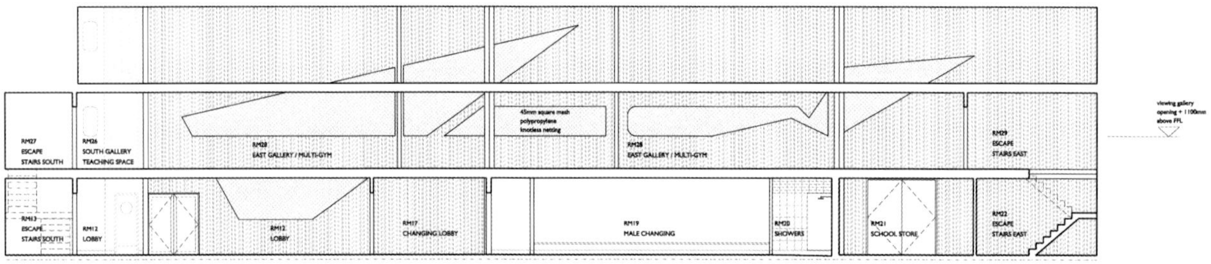

A-A section _ Sección A-A

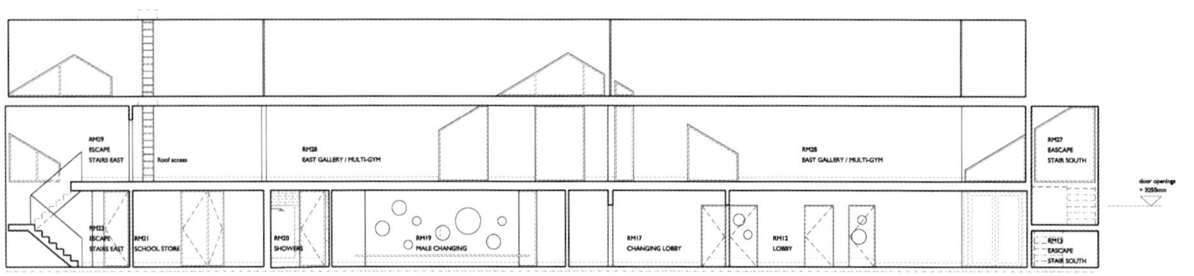

B-B section _ Sección B-B

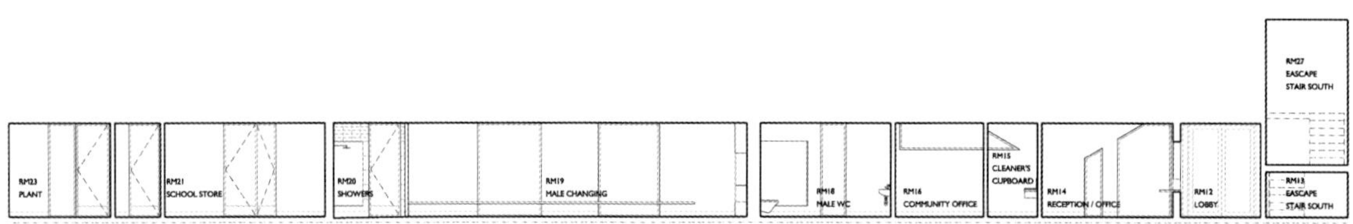

C-C section _ Sección C-C

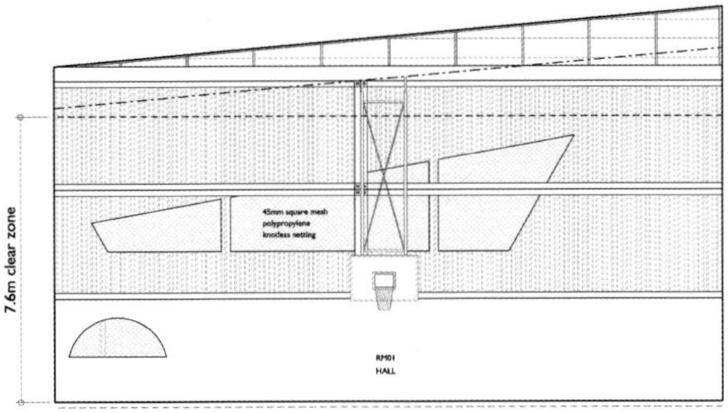

Internal south elevation of hall _ Alzado sur interno del hall

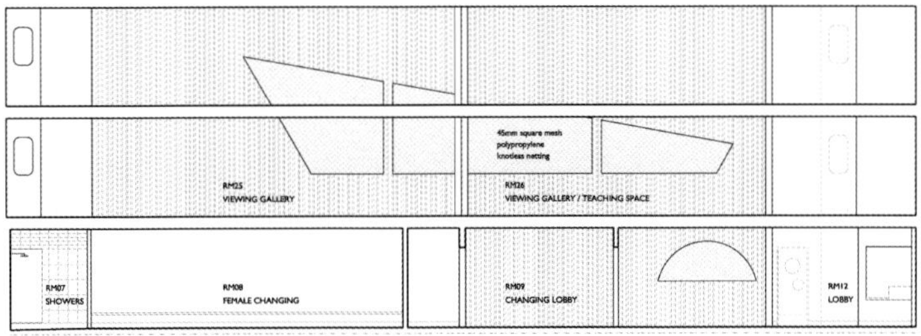

D-D section _ Sección D-D

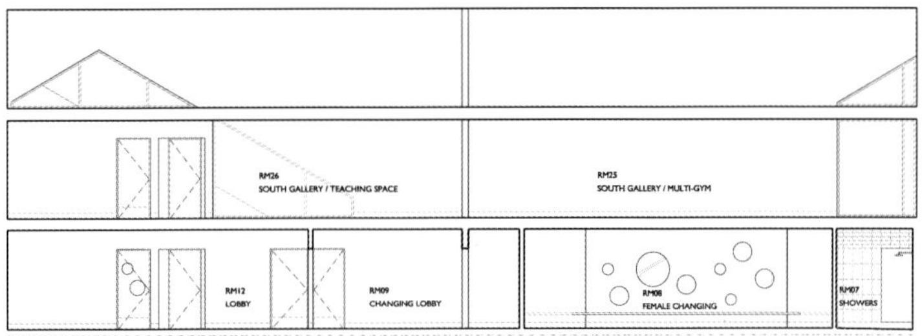

E-E section _ Sección E-E

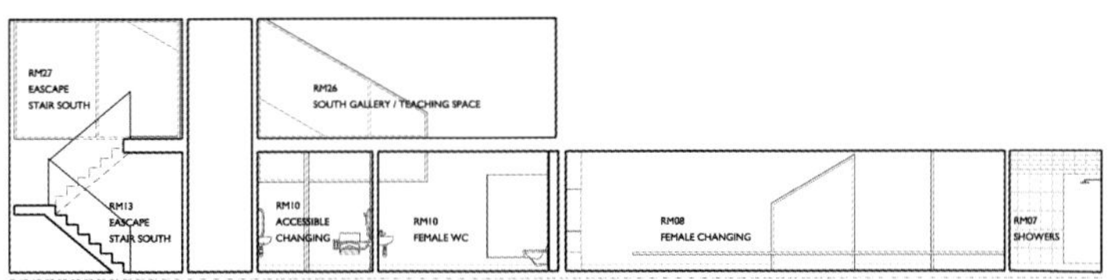

F-F section _ Sección F-F

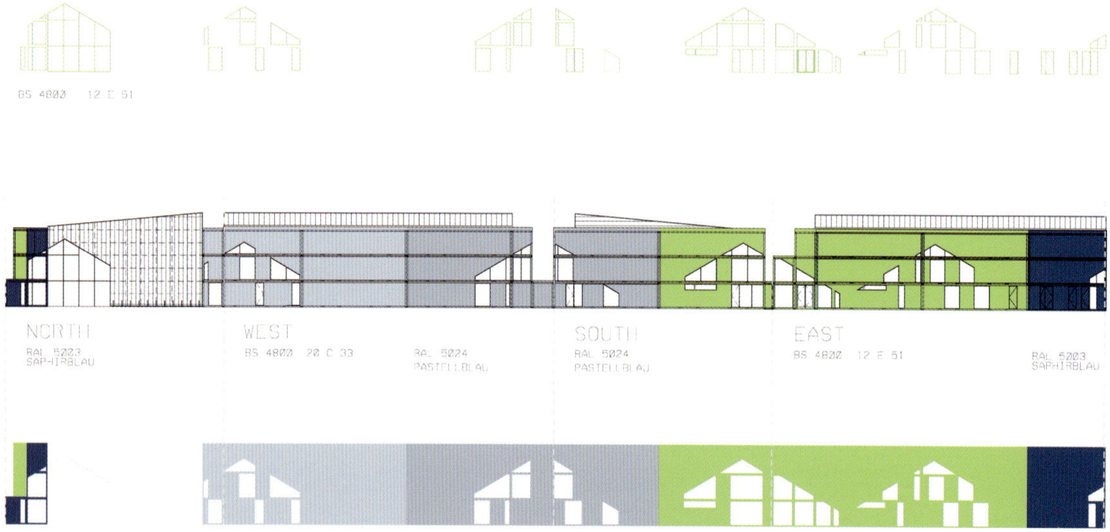

Exterior elevations _ Alzados exteriores

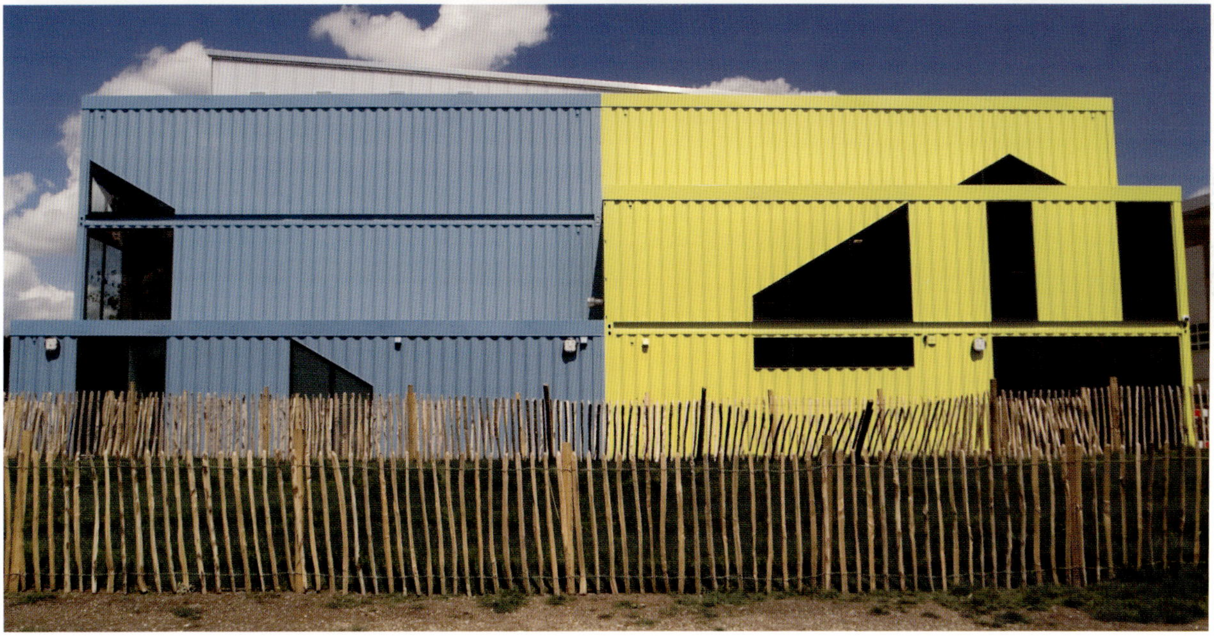

The look of the building is industrial, but SCABAL have designed windows that subtly undermine this using an immediately recognisable back garden architectural motif: the greenhouse; continued internally with the trowel and the wheelbarrow. The glazing allows glimpses of activity within the Hall from the outside, connecting the building with the outside, something too often lacking in the ubiquitous brick box Sports Hall.

El edificio tiene un aspecto industrial, pero Scabal diseñó ventanas que, sutilmente, lo disimulan, empleando una decoración arquitectónica típica de jardín inmediatamente reconocible: el invernadero, seguido, en el interior, por la paleta y la carretilla. El vidrio permite ojear las actividades del centro desde fuera, conectando el edificio con el exterior, algo muy poco frecuente en los omnipresentes bloques polideportivos.

Casa Pentimento

Jose Maria Sáez & David Barragán

Location: La Morita, Tumbaco, Quito-Ecuador
2006
Prefabricated elements: Héctor Sánchez, Arq.
Construction area: 234 m^2
Site: 5,000 m^2
Photos: Raed Gindeya, Jose María Sáez & David Barragán
www.arqsaez.com

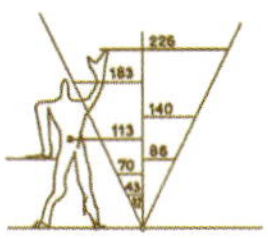

This building was destined to be a spiritual centre and peaceful refuge, incorporating a garden and conducive to relaxation. As spirituality should be derived from nature itself, the architecture had to blend in with its environment instead of compete with it. The structure also had to be opened up during the warmer months and incorporate a view of the nearby Ilaló volcano. The project was based on a single piece of prefabricated concrete that could be positioned in four positions and which encompassed the structure, enclosure, furniture, stairways and even a garden facade, the origin of this project. The architecture is subordinate to the surrounding garden. The exterior is a network, an enclosure, a hedge made from piled up plant pots. The interior acts as a screen that allows nature to filter in. While the exterior is closed and hides the size of the structure, the interior opens up and expands outwards towards the views. The architecture moulds into the shape of the terrain, fractured against the steep slope, evading trees or incorporating them into the building: the gardens also play the role of rooms. The slope and large glass windows allow the landscape to penetrate the structure. Gaps have been left in some places, allowing vegetation and light to filter through the prefabricated elements, and closed in others with transparent or translucent acrylic and strips of wood. These same gaps leading through in to the interior provide support for the wooden elements that act as shelves, seats, tables and stairs. On the upper floor, the open look out point is free from any secondary elements, allowing air and light to flow freely, framing the mountains in the distance and fulfilling its role of uniting the user with the surrounds.

Se demanda una vivienda que pueda ser centro espiritual y espacio de silencio. Y como la espiritualidad debe provenir de la naturaleza misma, se busca una arquitectura que se inserte en la naturaleza sin entrar en competencia con ella y que se abra al clima templado y a la visión cercana del volcán *Ilaló*. El proyecto se genera desde una sola pieza prefabricada de hormigón, que puede situarse en el montaje en cuatro posiciones y que resuelve estructura, cerramiento, mobiliario, escaleras e incluso una fachada jardín que es el origen del proyecto. La arquitectura se subordina al jardín donde se inserta. Hacia fuera es un tejido, un cerramiento, un seto construido por apilamiento de macetas. Hacia dentro el muro es un tamiz que filtra la naturaleza. Si el exterior es cerrado y oculta su escala, el interior se abre y se dilata hacia las vistas. La arquitectura amolda su forma a la del terreno, quebrándose con el fuerte desnivel, esquivando los árboles o incorporándolos al edificio: los jardines son cuartos de la casa. La pendiente del terreno y las grandes cristaleras introducen el paisaje al interior de la vivienda. Los intersticios entre prefabricados convierten al muro en filtro de vegetación y de luz, las rendijas se dejan abiertas en algunos puntos y se cierran en otros con acrílico transparente o translucido y con tiras de madera. Estas mismas rendijas al interior son soporte de piezas de madera que se convierten estanterías, asientos, mesas y escalones. En el piso superior el mirador abierto se despoja de cualquier elemento secundario, permitiendo el paso del aire y la luz, encuadrando las vistas de las montañas lejanas, concentrándose en su papel de relacionar al usuario con su entorno.

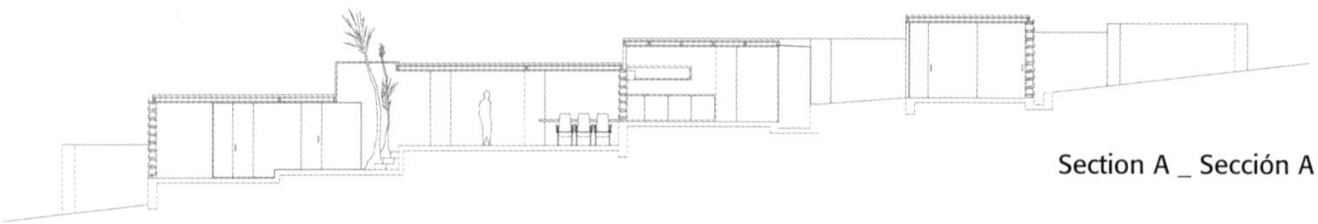

Section A _ Sección A

Section B _ Sección B

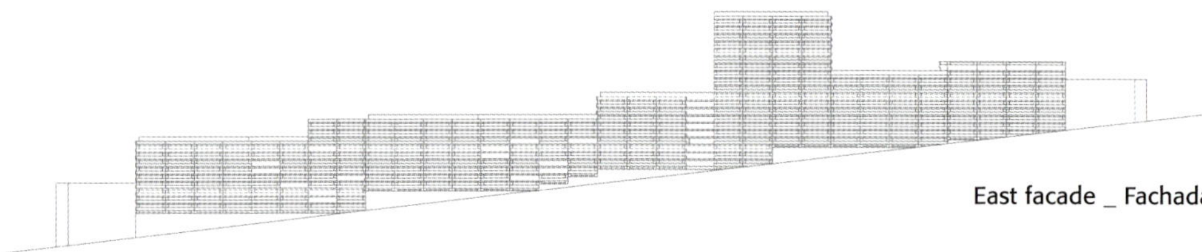

East facade _ Fachada este

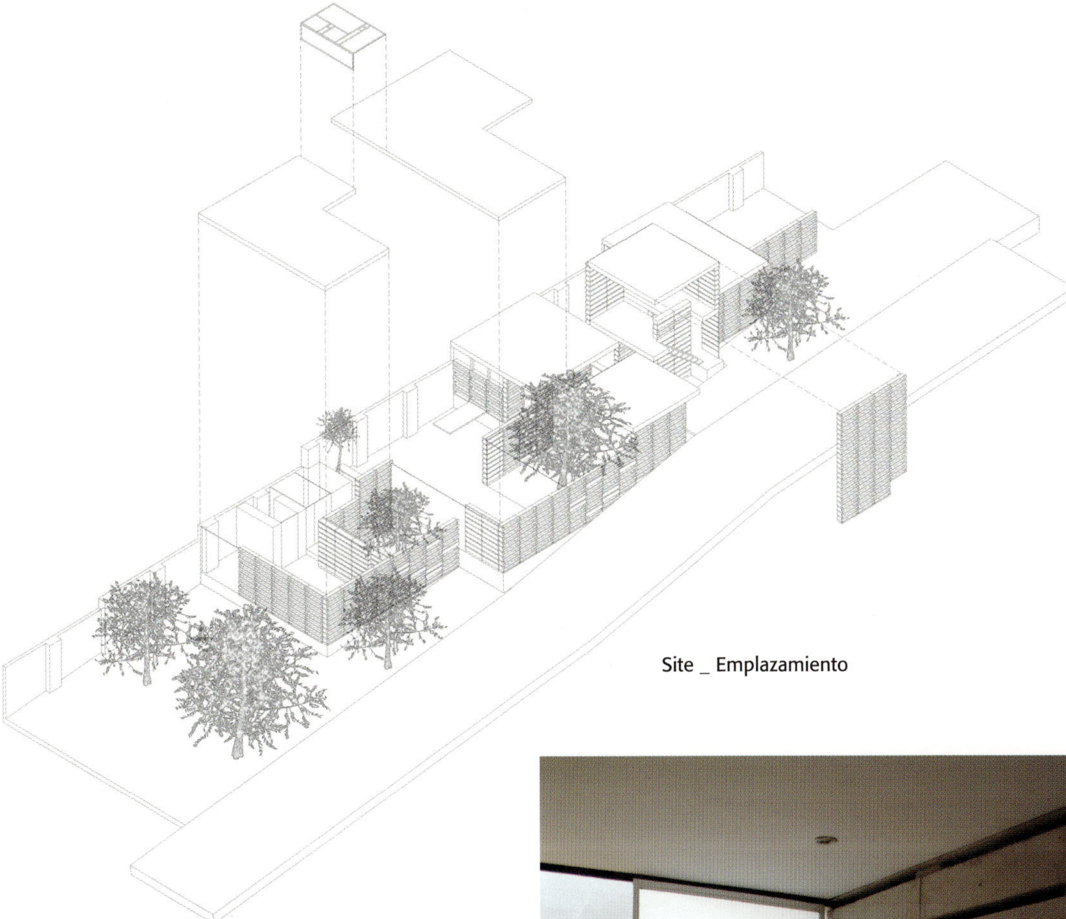

Site _ Emplazamiento

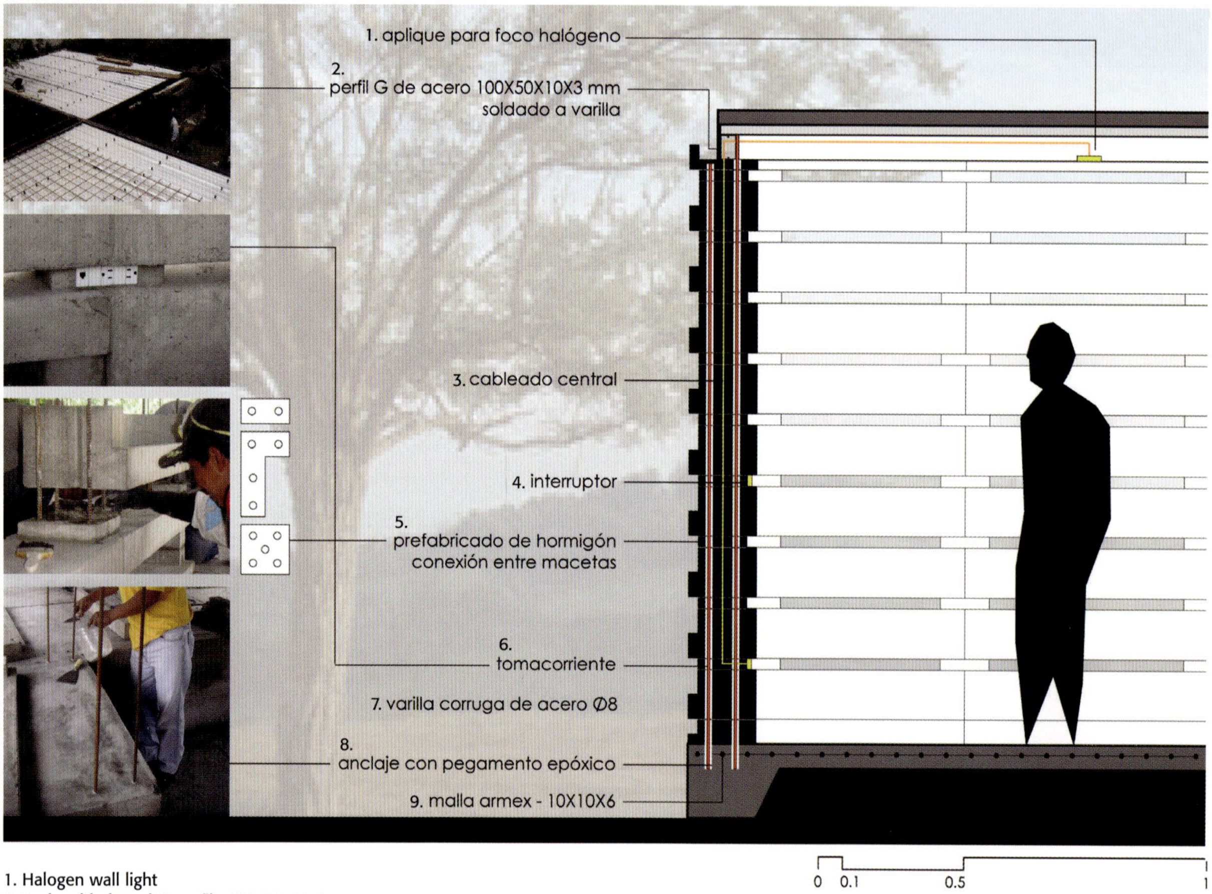

1. Halogen wall light
2. Rod welded steel G profile 100x50x10x3
3. Central wiring
4. Switch
5. Concrete prefabricated element. Connection between plant pots
6. Power point
7. Steel corrugated rod Ø8
8. Anchor with epoxy adhesive
9. Armex mesh - 10x10x6

1. Wooden furniture anchored in fissures
2. Garden facade
3. Elements connecting pots
4. Load bearing pots, variable position reinforced concrete
5. Concrete base

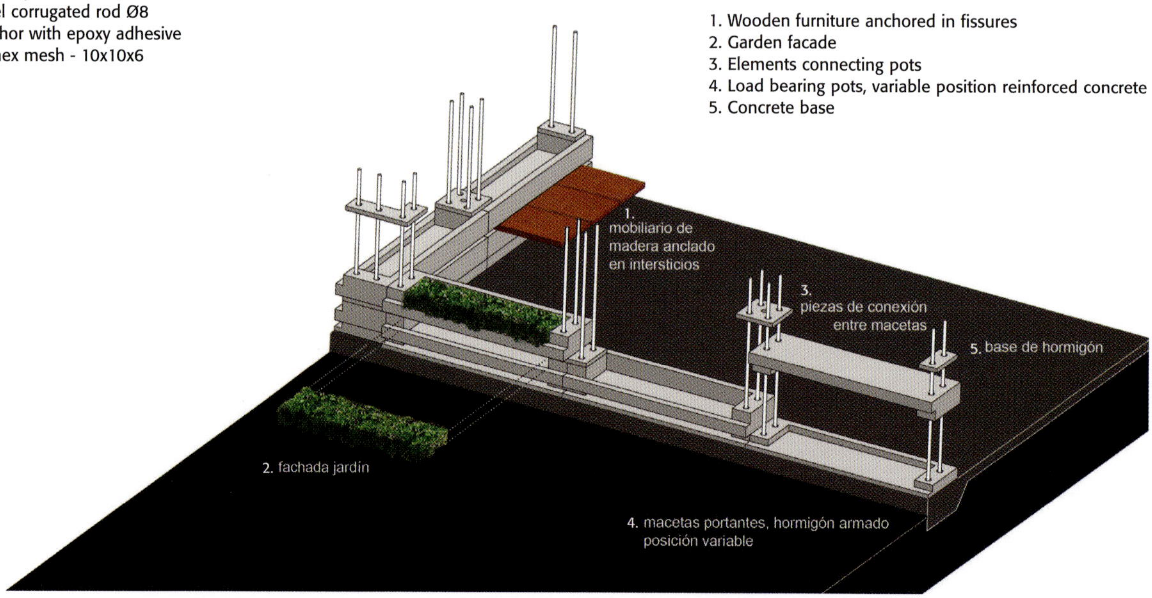

1. Steel and concrete slab
2. Concrete prefabricated element. Water channel.
3. Garden facade
4. 3 mm acrylic - translucent or transparent, aluminium angle 1/2"
5. 4x4 Coloured wooden strips
6. Coloured wooden furniture
7. Concrete prefabricated plant pot
8. Concrete prefabricated element, connection between plant pots
9. Base concrete prefabricate elements
10. Superficial concrete foundation

Where possible, the house does away with the need for finishings. The foundation slabs are cast with strengthening black pigment and are used for the final floor. The concrete prefabricated elements are visible outside and inside, softened by red wood and the weathered green copper flashing and ever-present vegetation. The financial limitations generated a style that encompasses: cost savings, simplicity and clarity; stripping away excess, cutting back to reveal depth, simplifying the construction processes, working with the light, nature, warm climate and the direct materials available to achieve architectural synthesis.

La casa prescinde lo posible de acabados. La losa de cimentación se funde con pigmento negro y endurecedor para que se convierta en el piso terminado final. Los prefabricados de hormigón quedan vistos tanto al exterior como al interior, suavizando su dureza la madera roja, y el verde de los vierteaguas de cobre oxidado y de la vegetación siempre presente. La limitación económica conduce a un ideal de estilo que comparte: economía, sencillez y claridad; despojarse de lo accesorio, buscar la intensidad por reducción, simplificar los procesos constructivos, trabajar con la luz, la naturaleza, el clima templado y los materiales disponibles de forma directa: *arquitectura de síntesis.*

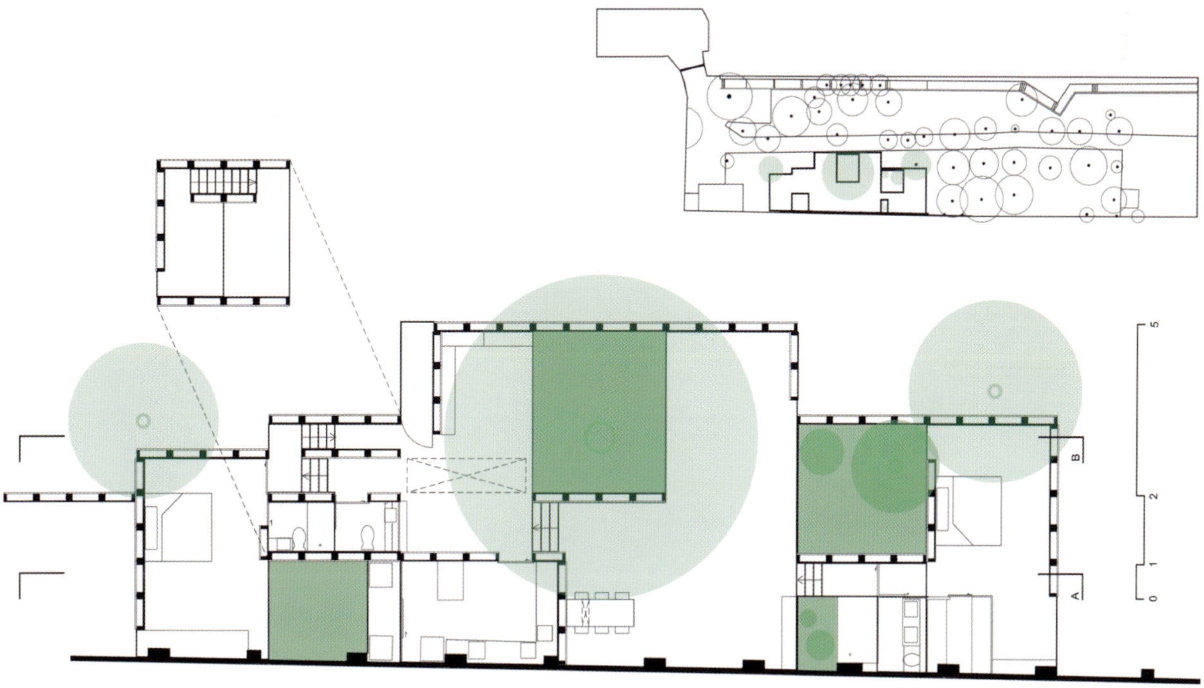

Plan _ Planta

The prefabricated system is built on a concrete platform that serves as a superficial foundation. The pieces are prefabricated in the soil with metal formworks and are incorporated into the structure by inserting steel rods anchored with epoxy to the platform. These rods and connecting elements create a tight structure of small columns and lintels, extremely appropriate for the seismic nature of the area.

Sobre una plataforma de hormigón que sirve como cimentación superficial se levanta el sistema de prefabricados. Las piezas se prefabrican en el suelo con encofrados metálicos y se colocan en la obra insertándolas en varillas de acero ancladas con epoxi a la plataforma. Estas varillas y los elementos de traba entre las piezas generan una estructura apretada de pequeñas columnas y dinteles, muy apropiada para la sismicidad de la zona.

TuboHotel Tepoztlán

T3arc Taller de Arte y Arquitectura

Location: Tepoztlán, Morelos, México
2010
Construction area: 2200 m² building. 1500 m² exterior
Materials: Concrete tubes
Photos: Luis Gordoa
www.t3arc.com
www.tubohotel.com

The idea for the TuboHotel arose when T3arc built the Café Cinco, a property belonging to the same client. When solutions were being investigated, they came across the work of the architect Andreas Strauss, who had used recycled concrete tubes to adapt hotel rooms in 2006. A terrain located on the outskirts of Tepoztlán was chosen for the site of the hotel, surrounded by trees in an area of outstanding natural beauty and with incredible views of the Sierra del Tepozteco.

The aim was to build a hotel quickly and at a reasonable cost to offer accommodation to tourists visiting Tepoztlán and serve as a new concept in the region. Construction on the twenty-room hotel commenced and, in order to make the most of the terrain, groups of three tubes stacked in a pyramid shaped were used. The tubes were placed randomly in keeping with the topography of the terrain. The construction was completed in three months, using only a crane, blacksmiths and carpenters who prepared the interior of each tube. Backed by *Tubocretos* from *Morelos*, who were asked for a quote, it was established that using this type of drainage tube would be more expensive to use than traditionally built tubes. However, it was possible to recycle a 2.44 m diameter x 3.50 m long tube with minor manufacturing flaws that did not compromise its structural characteristics. As such, the architects decided to use these tubes at a significantly reduced cost, leaving the company seal visible on each one.

La idea de TuboHotel surge cuando T3arc construye el proyecto Café Cinco, del mismo cliente. Durante su búsqueda de soluciones, se topan con el trabajo del arquitecto Andreas Strauss, que en el año 2006 recicló tubos de hormigón para adecuar habitaciones en un hotel. Sobre un terreno que se encuentra en la periferia de Tepoztlán, con excelentes vistas panorámicas de la Sierra del Tepozteco y en un entorno arbolado de características fuera de lo común, generando un ambiente natural y extraordinario para el propósito de instalar un hotel.

El objetivo incluía construir rápido y a un costo muy accesible, un hotel que diera servicio al turismo de Tepoztlán además de ser un concepto nuevo para la región. Con una proyección de 20 habitaciones, se inició la construcción en módulos de tres en forma piramidal, para aprovechar el terreno en la medida de lo posible. El orden de los tubos es aleatorio con respecto a la topografía del terreno y la construcción se llevó a cabo en un periodo de 3 meses, únicamente con el trabajo de una grúa, herreros y carpinteros que desarrollaron el interior de cada uno de los tubos.

Con el apoyo de *Tubocretos de Morelos*, a quien se pidió presupuesto, se certificó que el uso de un tubo de drenaje de estas características era más costoso que una construcción tradicional. Aun así, se consiguió reciclar un tubo de 2,44 m de diámetro por 3,50 m de largo que presentaba pequeños errores de fabricación pero que no comprometía sus características estructurales, por lo que los arquitectos decidieron utilizarlos a un costo mucho menor y dejando visible el sello de la compañía que aparece impreso en cada tubo.

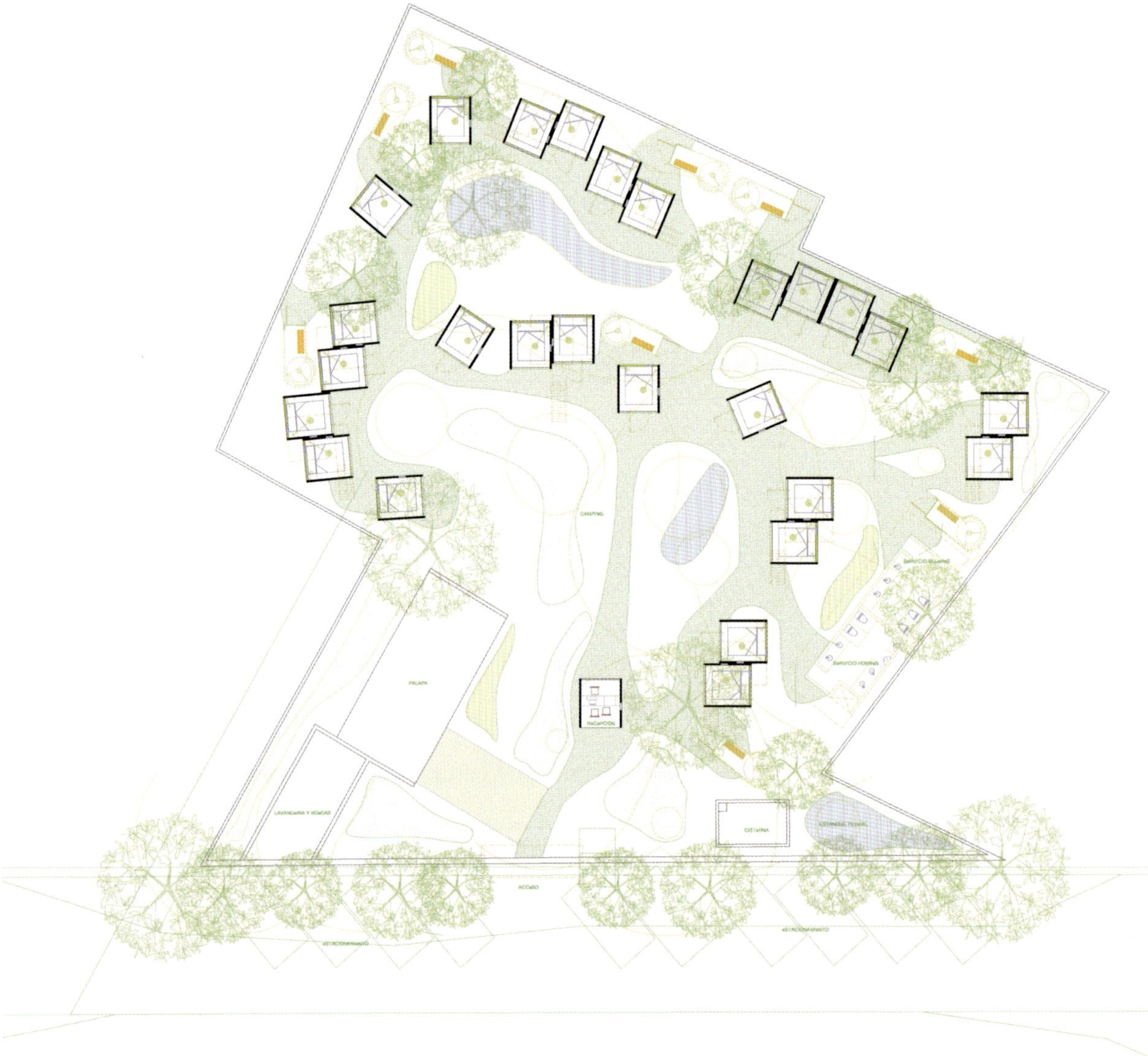

Site _ Emplazamiento

Each tube contains a double bed resting on a lightweight MDF structure, and a small bedside table. Mosquito nets are held in place using simple carpentry, and provide ventilation from both ends. The interior was painted to add a finishing touch. As the site is shaded for most of the day, users enjoy comfortable temperatures, while the doors and windows provide the appropriate air circulation. Looking out, the views are spectacular and waking up inside one of these tubes is an experience to savour.

Cada tubo cuenta con una cama doble colocada sobre una ligera estructura de MDF y un pequeño buró, y están ventilados en ambos frentes a partir de una sencilla carpintería con mosquitera. El interior está pintado de color para darle acabado. El emplazamiento, sombreado la mayor parte del día, consigue que las cualidades térmicas sean agradables para los usuarios aunque igualmente las puertas y ventanas permiten la correcta circulación de aire. Las vistas desde el interior son espectaculares, y la experiencia de amanecer dentro de uno de ellos es algo muy particular.

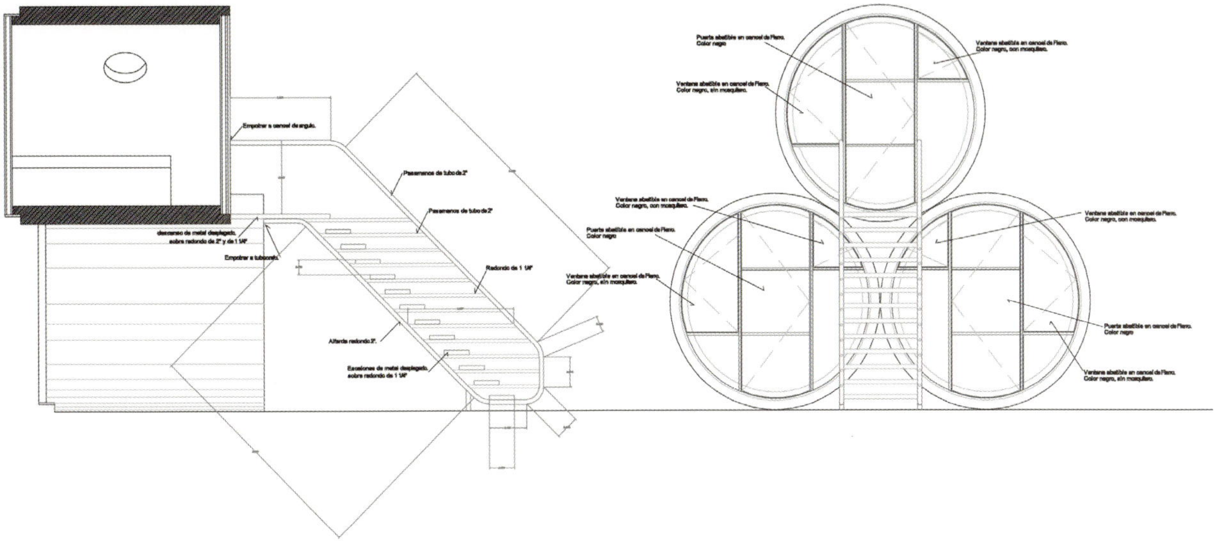

Elevations _ Alzados

The plot comprises 500m² at the base of the mountain and is surrounded by a stunning vista of *jacarandas*, plum trees and indigenous vegetation. Each tube occupies an area of approximately 9m², while each stairway occupies 6m².

El terreno cuenta con 500m² en las faldas de la montaña, rodeado de jacarandas, ciruelos y árboles de la región que forman un magnífico paisaje. Cada uno de los tubos ocupa un área aproximada de 9m², mientras que las escaleras ocupan unos 6m² cada una.

Saint-Gobain Playhouse

C. F. Møller Architects

Location: Copenhagen, Denmark
2009
Area: 12 m^2
Photos: C. F. Møller Architects
www.cfmoller.com

The sustainable playhouse designed for the manufacturer Saint-Gobain Isover, is conceived as a playhouse for children and adults, or as an unusual guest annex. The aim is to highlight the construction of energy-saving homes, and although small, the house displays details and materials that will be a part of tomorrow's solutions.
Playhouse is 4,5 meters long and 3 meters tall, and has a distinct leaning profile with a large "intelligent" glazing as windows, skylight and solar panel, as well as for interior lighting using a new and green technology. The walls contain a special highly insulating glass wool, and the triple-layer energy glazing is equivalent to the modern passive-house standards.
The house is so well insulated that a few candles suffice for heating, even in winter. The skewed form not only looks interesting and contemporary, it also helps the building's south façade shade itself from the summer sun.
The Playhouse was exhibited at Højbro Square in Copenhagen during the climate summit from the 7th to the 18th December.

La casa de juegos sostenible, diseñada para el fabricante Saint-Gobain Isover, está concebida para ser una habitación de juegos para niños y adultos o un atípico anexo para invitados. El objetivo es destacar la construcción de casas que ahorran energía y, aunque es pequeña, la casa dispone de detalles y materiales que formarán parte de las soluciones del futuro.
La casita mide 4,5 metros de largo y 3 de alto y tiene un perfil claramente inclinado con una gran vidriera «inteligente» que hace de ventana, tragaluz y panel solar. Para la iluminación interior, emplea una tecnología nueva y ecológica. Las paredes contienen una lana de vidrio especial altamente aislante y el vidrio energético de triple capa es equiparable a los estándares de las casas pasivas modernas.
La casa está tan bien aislada que bastan unas pocas velas para proporcionar calor, incluso en invierno. Su forma torcida no sólo le da un aspecto interesante y contemporáneo, sino que ayuda a que la fachada sur del edificio se resguarde del sol en verano.
La Playhouse estuvo expuesta en la plaza Højbro de Copenhague durante la cumbre del medio ambiente que tuvo lugar del 7 al 18 de diciembre.

SAINT-GOBAIN
PlayHouse

SAINT-GOBAIN
NOVA FM
DEN BEDSTE MUSIK HER OG NU
LIVE KLIMARADIO
Nova FM sender live klimaradio her fra
Saint-Gobain Playhouse den 7., 8. og 18. december
i samarbejde med 1 ton mindre-kampagnen
4 GODE SPARETIPS TIL DIT HUS
ISOLER LOFTET OG FÅ FLERE PENGE MELLEM HÆNDERNE
GIPSPLADER BIDRAGER TIL KLIMAVENLIGT BYGGERI
SKIFT DE GAMLE RUDER OG GIV DIG SELV EN "LØNFORHØJELSE"
ISOLER MUREN OG GIV VARMEREGNINGEN ET TRYK
ISOVER
Gyproc
Klima- og Energiministeriets
ISOLER MUREN OG GIV VARMEREGNINGEN ET TRYK

SAINT-GOBAIN
NOVA FM
DEN BEDSTE MUSIK HER OG NU

Perspectives. Combined units _ Perspectivas. Unidades combinadas

PlayHouse

SAINT-GOBAIN
ISOLER MUREN
OG GIV
VARMEREGNINGEN
ET TRYK

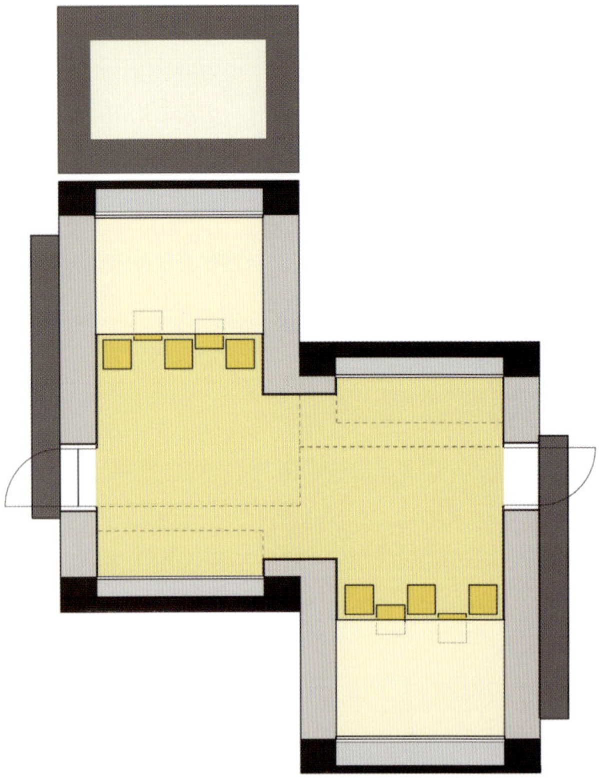

Plan. Combined units _ Plano. Unidades combinadas

1. Sandbox
2. Couch/Table
3. Stools
4. Yellow linoleum floor
5. Step/seat
6. Door

1. Cajón de arena
2. Sofá/mesa
3. Taburetes
4. Suelo de linóleo amarillo
5. Escalón/asiento
6. Puerta

Plan 1:50

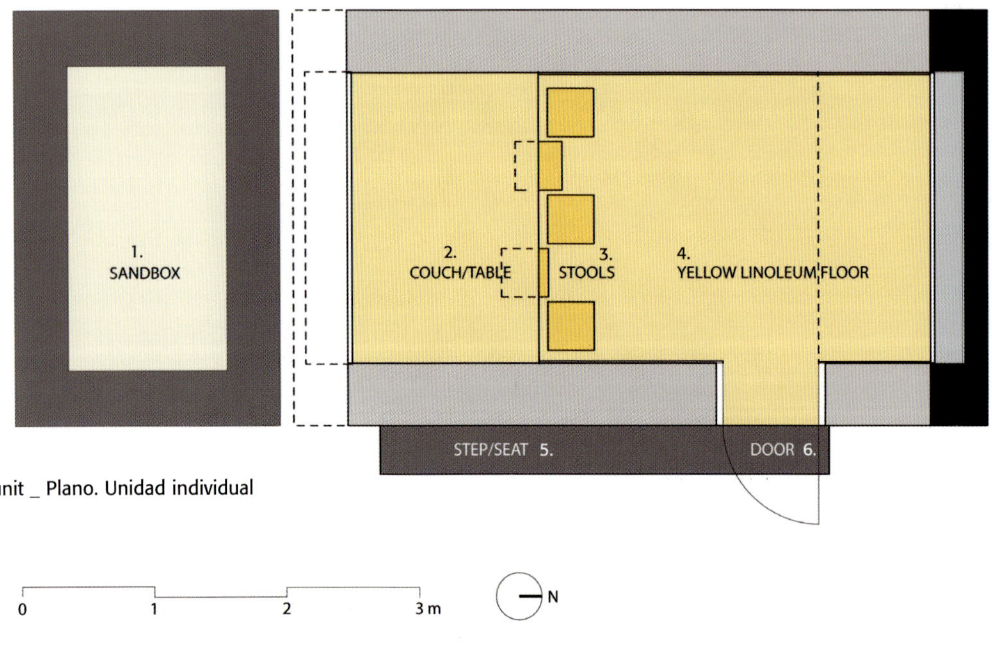

Plan. Single unit _ Plano. Unidad individual

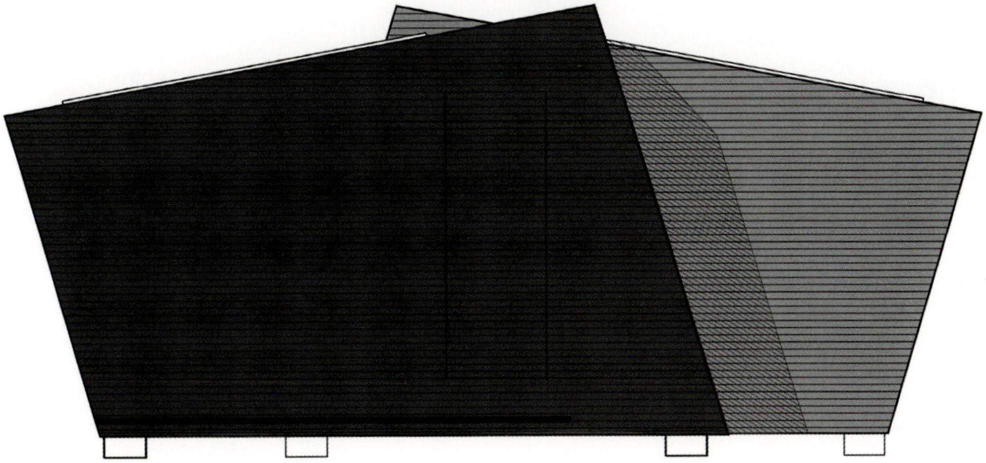

East facade _ Fachada este

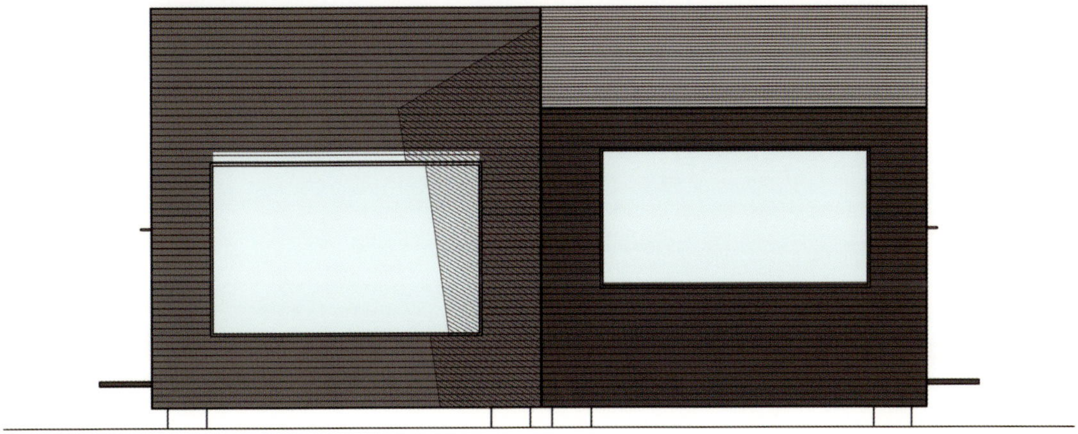

South facade _ Fachada sur

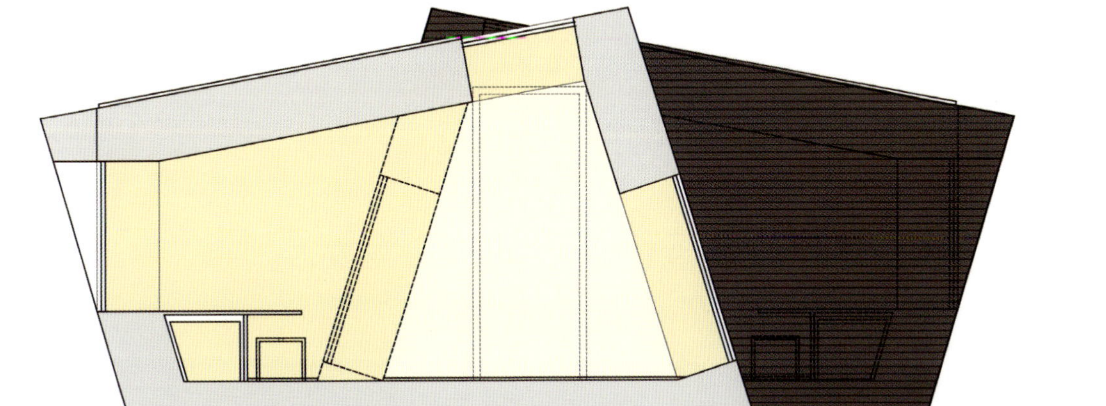

Section. Combined units _ Sección. Unidades combinadas

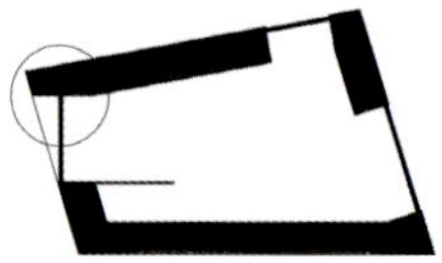

1. Tablillas de revestimiento de madera
2. Sección de cinc
3. 16 mm de capacidad para ventilación
16 mm de fieltro para tejado y madera contrachapada
4. Material de sellado elástico
5. Vidriado de triple capa
Relleno de argón
Recubrimiento de bajo consumo adaptado a la orientación
6. Sección I Isover
7. Barrera de vapor
8. Aislamiento 32 Isover

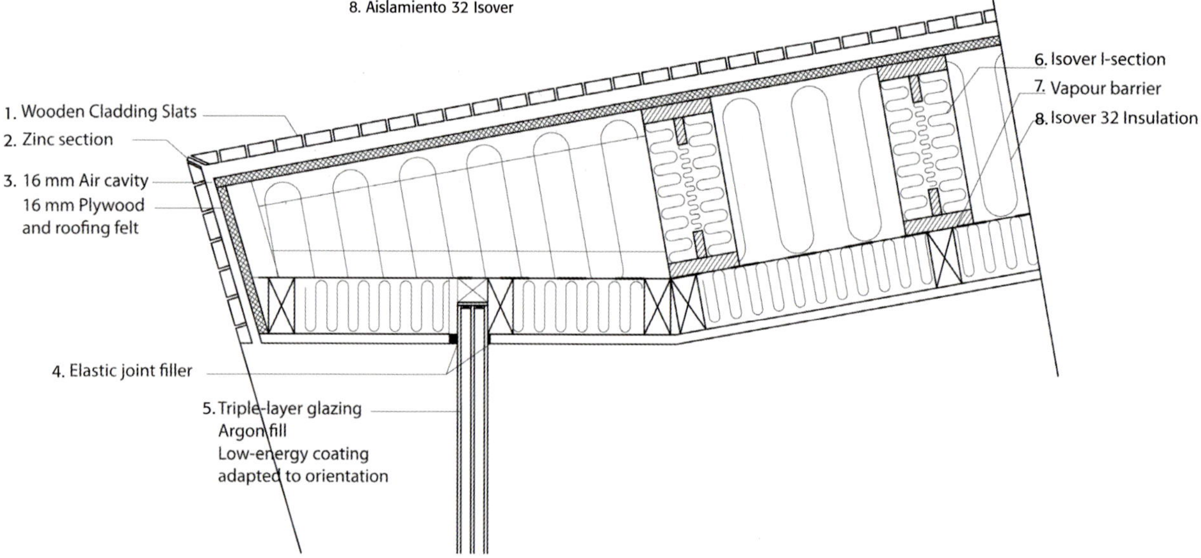

1. Paneles de yeso acústicos pintados de blanco
2. Paneles de vidrio luminiscentes de Planilum para iluminar el interior
3. Pared altamente aislante de 425 mm (valor lambda 32)
Tablillas de revestimiento de madera horizontales para el exterior
Tablas de yeso resistentes a impactos para el interior
4. Vidriado de triple capa con relleno de argón
Recubrimiento de bajo consumo adaptado a la orientación
5. Acumulador

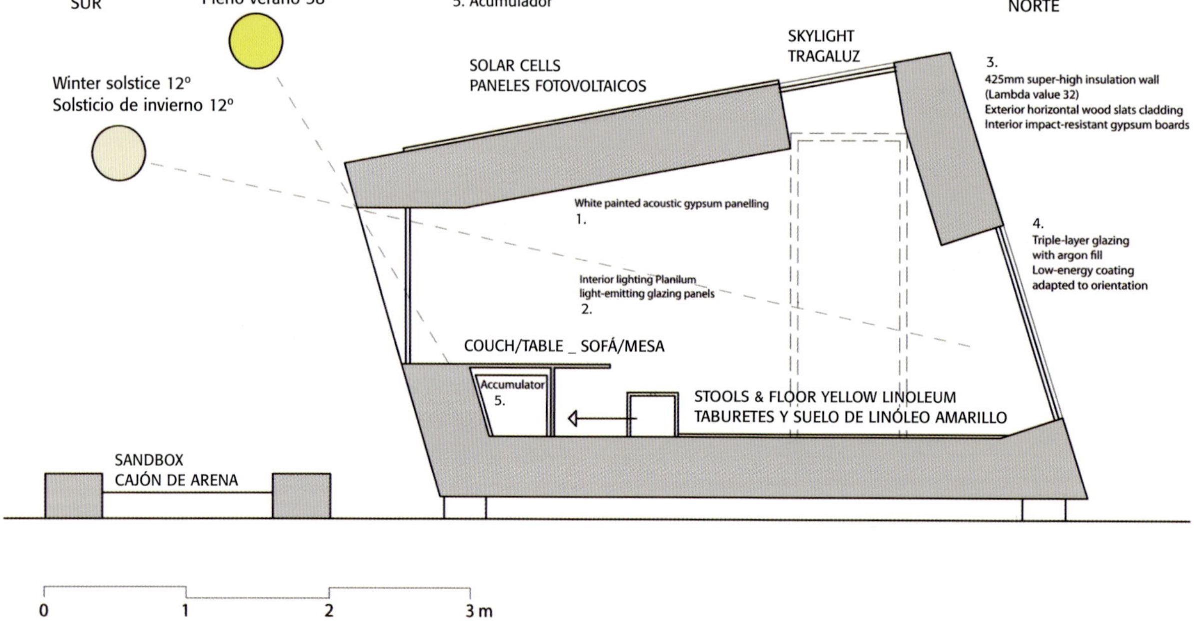

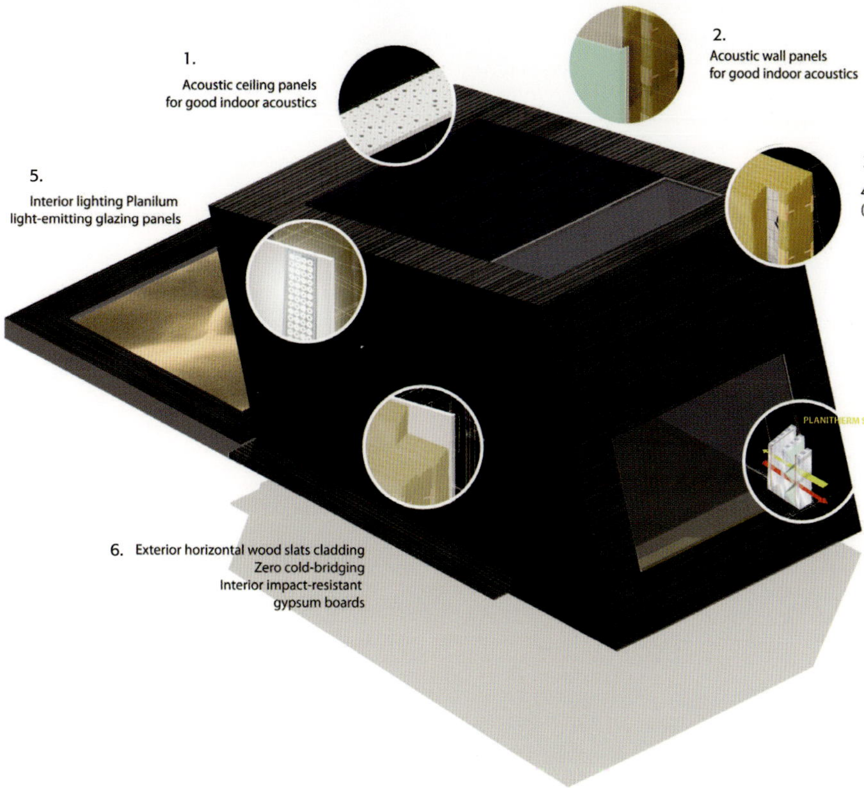

Diagram _ Diagrama

1. Acoustic ceiling panels for good indoor acoustics

2. Acoustic wall panels for good indoor acoustics

3. 425 mm super-high insulation wall (Lambda value 32)

4. Planitherm solar film
Triple-layer glazing with argon fill
Low-energy coating adapted to orientation

5. Interior lighting Planilum light-emitting glazing panels

6. Exterior horizontal wood slats cladding
Zero cold-bridging
Interior impact-resistant gypsum boards

1. Paneles de techo acústicos para una buena acústica interior

2. Paneles de pared acústicos para una buena acústica interior

3. Pared altamente aislante de 425 mm (valor lambda 32)

4. Capa solar con planitherm
Vidriado de triple capa con relleno de argón
Recubrimiento de bajo consumo adaptado a la orientación

5. Paneles de vidrio luminiscentes Planilum para iluminar el interior

6. Tablillas de revestimiento de madera horizontales para el exterior
Puente térmico nulo
Tablas de yeso resistentes a impactos para el interior

SLEEPBOX
01
sleepbox.com
SLEEPBOX
01

SleepBox

Arch Group. M. Krymov, A.Goryainov

Location: Sheremetyevo International Airport, Moscow, Russia
Design: 2009
Realization: 2011
Area: 4 m^2
Photos: Arch Group
www.arch-group.org

Imagine that you are in a modern city, you are not a local resident and you have not booked a hotel. It is not a comfortable situation because modern aggressive cities give you no opportunity to rest and relax. If you want to sleep while waiting for your plane or train, you face many security and hygiene problems. Arch Group believes that urban infrastructures should be more comfortable. For this purpose they have developed SleepBox, which provides moments of quiet sleep and rest without wasting time in search for a hotel. Possible locations include railroad stations, airports, exhibition centres, public and shopping centres or even accommodation facilities. In countries with a warm climate can be used outdoors and allows everybody in unforeseen circumstances to spend a night safely and inexpensively or simply to kill a few hours without leaving the luggage.

The base model features include ventilation and sockets for notebook and mobile phone chargers. Space for luggage is under the bed, and each bed has a nightstand. In addition to general lighting, it has built-un LED reading lamps and windows equipped with electric-drive blinds for better privacy. SleepBox's main function is to afford a restful sleep. However, depending on location, it can be equipped with additional features. Available options include: matted film on windows with changing transparency, mood lighting LED lamps with changing light colours, built-in media block, Wi-Fi router, alarm, intercom, safe deposit box and built-in payment station with magnetic keys.

Imagine que se encuentra en una ciudad moderna, no es un vecino local y no ha reservado hotel. No es una situación agradable, ya que las ciudades dinámicas y modernas no dan la oportunidad de descansar y relajarse. Si quiere dormir mientras espera el avión o el tren, deberá hacer frente a problemas de seguridad e higiene. Arch Group cree que las infraestructuras urbanas deberían ser más cómodas. Por este motivo, han creado la Sleepbox, que proporciona momentos para dormir y descansar tranquilamente sin tener que perder el tiempo buscando un hotel. Las posibles ubicaciones podrían ser estaciones de tren, aeropuertos, centros de convenciones, centros comerciales y públicos o, incluso, alojamientos. En países con un clima cálido, se podría utilizar en el exterior y permite a todo el mundo, en circunstancias imprevistas, pasar una noche de forma segura y barata o, simplemente, matar unas horas sin tener que abandonar el equipaje.

Las características del modelo básico incluyen ventilación y enchufes para los cargadores del portátil y el teléfono móvil. El espacio para el equipaje está bajo la cama y cada una tiene su mesita de noche. Además de la iluminación general, dispone de lámparas de lectura led y en las ventanas hay persianas eléctricas para una mayor intimidad. La principal función de la Sleepbox es proporcionar un sueño tranquilo. Sin embargo y dependiendo de la ubicación, puede equiparse con elementos adicionales. Las opciones disponibles son: una capa fieltrada en las ventanas que va cambiando su transparencia, lámparas led que cambia el color de la iluminación según el estado de ánimo, un dispositivo multimedia integrado, un router wifi, una alarma, un interfono, una caja de seguridad y una estación de pago integrada con llaves magnéticas.

SLEEP BOX
01
SLEEP BOX
01

sleepbox
01
sleepbox
01

SLEEP BOX
SLEEP BOX
SLEEP BOX

SLEEP BOX
SLEEP BOX
01
02
03
04

SLEEP BOX
02
03

There are three models (one-, two-, or three-bed *Sleepboxes*), which can be made of MDF (wood), metal, and glass-reinforced plastic. SleepBox allows from 30 min to several hours of paid use. The price varies depending on the number of hours in use: the more the user pays for, the less it costs per hour.

Hay tres modelos, Sleepbox de una, dos o tres camas, que pueden estar hechos de MDF (madera), metal y plástico reforzado con vidrio. Sleepbox permite un uso desde 30 minutos hasta varias horas. Los precios varían dependiendo de la cantidad de horas que se utilice: cuanto más se paga, más barata cuesta la hora.

In mid-August 2011, the first SleepBox was installed at the Aeroexpress terminal of Sheremetyevo International Airport of Moscow. It represents the base version made of MDF with a natural ash-tree veneer.

A mediados de agosto de 2011, se instaló la primera Sleepbox en la terminal Aeroexpress del Aeropuerto Internacional de Moscú-Sheremétievo. Se trata de la versión básica hecha de MDF con una chapa de madera de fresno natural.

SleepBox is a small mobile compartment (box) with a 2,5x1,6m. base and 2,5/3m. height. One of its main advantages is its ability to be installed in the airport "clean" zone, just in front of the gates. This is precisely the area where travellers have to spend hours waiting for their delayed flights or transfer.

Sleepbox es un pequeño compartimento móvil (una caja) con una base de 2,5 x 1,6 metros y una altura de 2,5/3 metros. Una de sus principales ventajas es la posibilidad de instalarse en la zona "limpia" del aeropuerto, justo en frente de las puertas. Precisamente, este es el espacio donde los viajeros tienen que pasar más horas esperando a los vuelos que se han retrasado o cuando tienen que hacer escala.

Place Homes

PLACE architects pllc.
HL Johnston architect ltd.

Builder: DLH Inc.
2009
Area: 260 m^2
Photos: PLACE Architects pllc.
www.placehouses.com

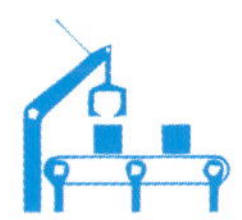

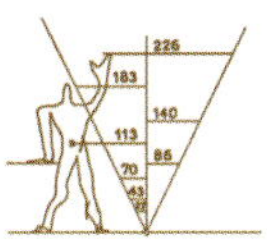

PLACE houses are about sustainability. Sustainability in a broad sense: environmental, social, and personal. They're green and easy on the environment. Low waste, low toxins, green materials and smart design... but there is more to sustainability than that. The first of house completed was PH-1, an expanded PH Large with an additional accessory building featuring parking for two and office space above. Built for a busy family of five plus dogs, the stock design was adapted to create a 4 bedroom, 2 1/2 bath open plan home that's stylish, durable, colourful and fun. Solar domestic hot water supplements household systems and entirely heats the backyard lap pool; green construction saves money and resources, and the house is always filled with natural light, fresh air, views and friends and family.
PLACE houses are low hassle to buy and to own, supportive, spirited environments that let the client express himself, not worry about lots of house and infill, weaving and knitting in-city neighbourhoods. PH-1 provides an alternative to over scaled "Craftsman" houses and multiplexes, maintaining the scale of the neighbourhood streets and making housing that people can afford to live in, in the city, so don't have to move to the edge of the suburbs to find a place you like that you can afford.

Las casas Place se basan en la sostenibilidad, en el amplio sentido de la palabra: medioambiental, social y personal. Son ecológicas y naturales con el medio ambiente. Poca cantidad de residuos, bajas toxinas, materiales ecológicos y un diseño inteligente, pero la sostenibilidad es más que eso. La primera casa que se construyó fue la PH-1, una ampliación de la PH Large con un edificio adicional que dispone de un garaje para dos vehículos y un espacio para el estudio en la parte superior. Construida para una ajetreada familia de cinco miembros con perros, el diseño prototípico se adaptó para crear una casa con espacios abiertos de cuatro habitaciones y dos baños y medio que fuera elegante, duradera, colorida y divertida. El agua caliente sanitaria de uso doméstico complementa los sistemas de la casa y calienta completamente la piscina del patio trasero. La construcción ecológica ahorra dinero y recursos y la casa siempre está repleta de luz natural, aire fresco, vistas y amigos y familiares.
Las casas Place no suponen ningún problema a la hora de comprarlas y ofrecen ambientes complementarios y llenos de vida que permiten al cliente expresarse y no tener que preocuparse por las parcelas de la casa y el módulo, al entrelazarse y unirse con los vecindarios de la ciudad. PH-1 ofrece una alternativa a las casas y pabellones «artesanales» de gran escala, manteniendo el tamaño de las calles del vecindario y creando casas en la ciudad que la gente puede permitirse para que no tenga que trasladarse a las zonas residenciales con el objetivo de encontrar un lugar que le guste y que se pueda permitir.

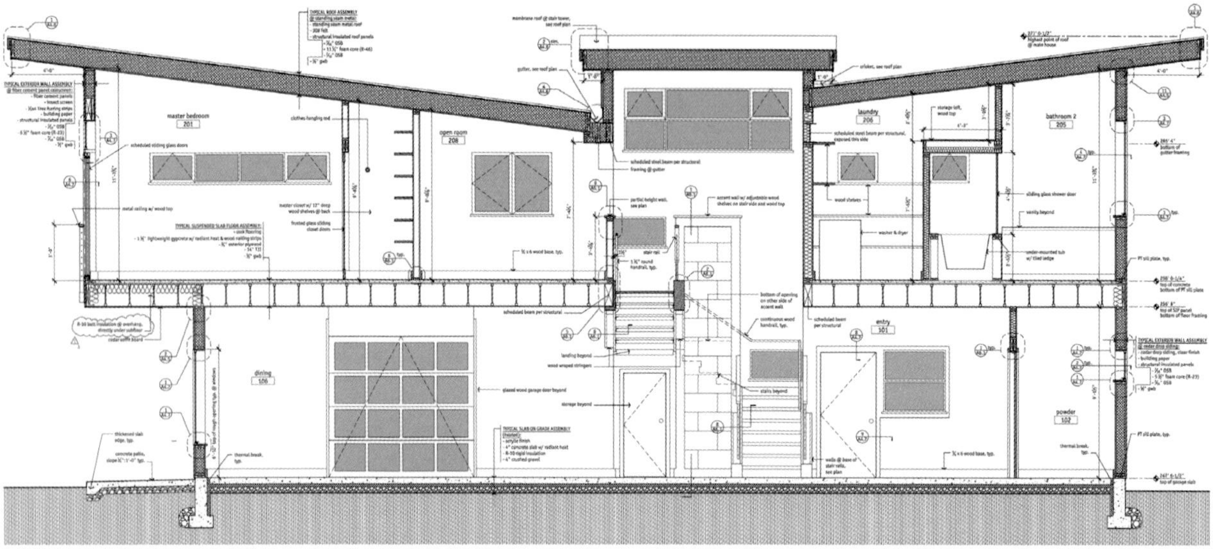

Section north-south _ Sección norte-sur

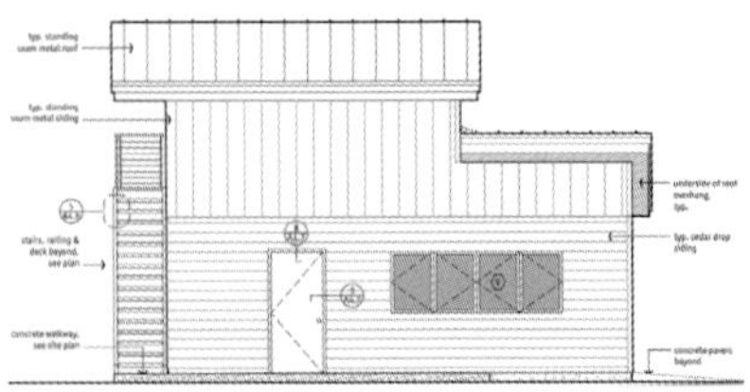

East elevation garage _ Alzado este del garaje

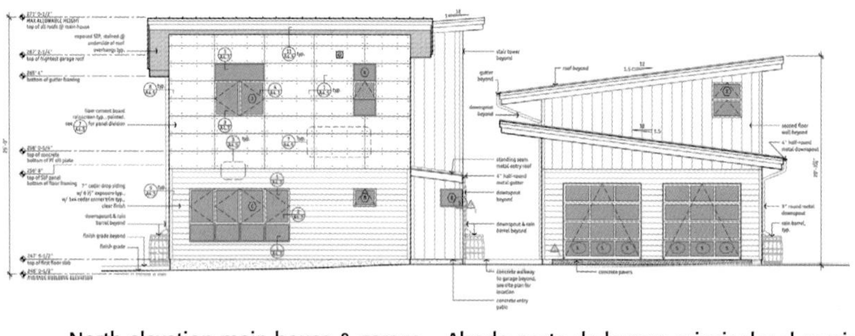

North elevation main house & garage _ Alzado norte de la casa principal y el garaje

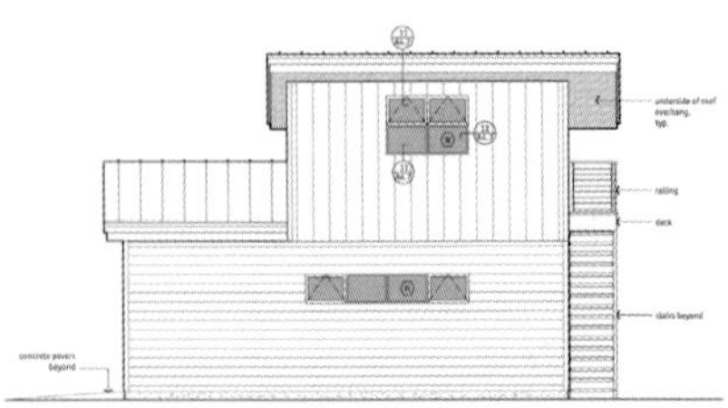

West elevation garage _ Alzado oeste del garaje

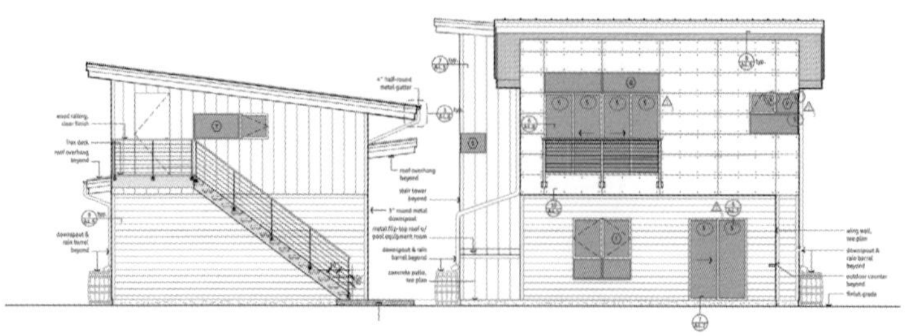

South elevation main house & garage _ Alzado sur de la casa principal y el garaje

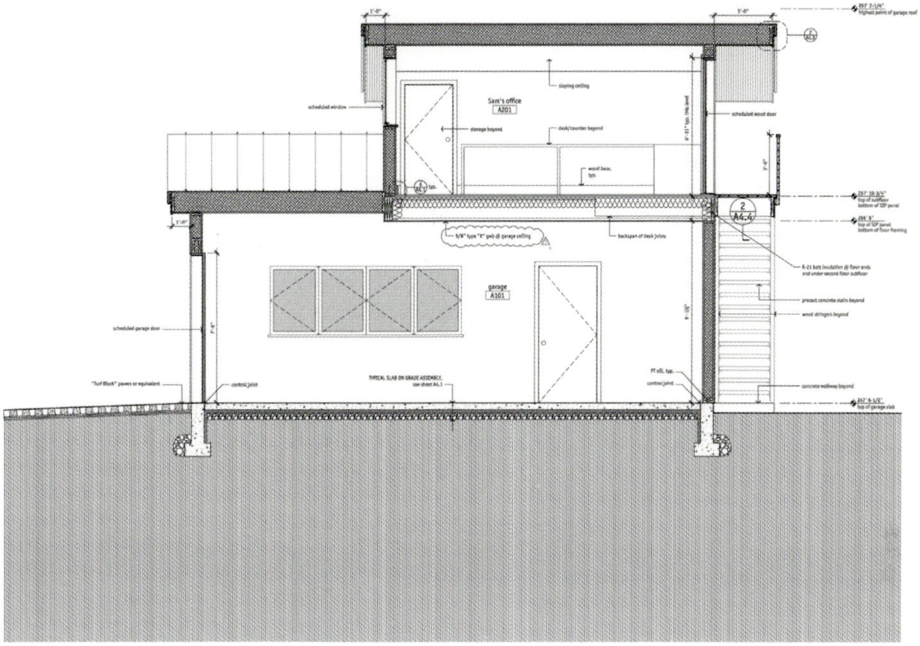

Accessory section _ Sección complementaria

PLACE houses are designed to a level of detail typically reserved for the highest end custom houses, yet they're accessible to everyone. The architects and designers have hand picked the best value and style in every room, with every fixture, fitting and finish. A design that's detailed to be a quiet but spirited background for the client.

Las casas Place se han diseñado con un nivel de detalle que normalmente se reserva a las viviendas más prestigiosas, aunque son accesibles a todo el mundo. Los arquitectos y diseñadores han seleccionado el mejor estilo y lo más valioso para cada habitación con cada elemento, mueble y acabado. Un diseño que ha sido desglosado para crear una ambientación tranquila pero llena de vida para el cliente.

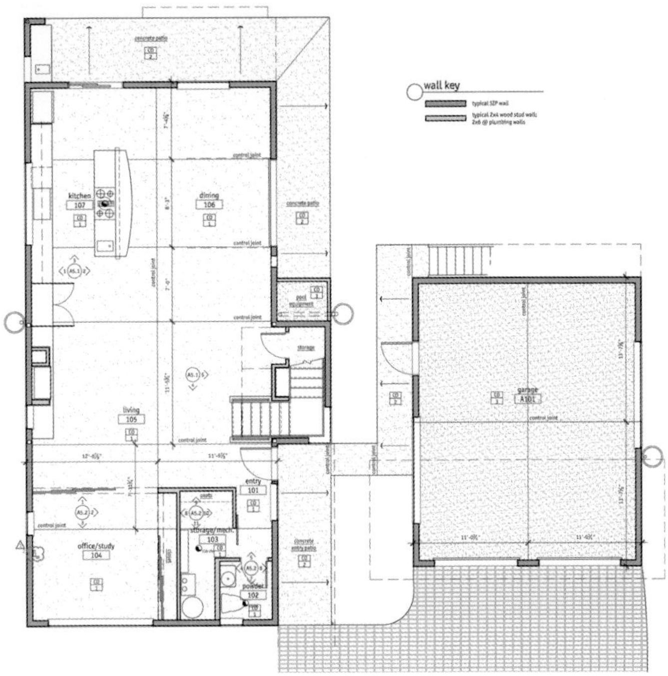

First floor main house & accessory _ Primera planta de la casa principal y la complementaria

Second floor main house & accessory _ Segunda planta de la casa principal y la complementaria

Mining Hotel, Mining Camp "El Peñón"

AATA arquitectos. Nicole Gardilcic V. Sebastián Cerda Pé.

Location: Atacama Desert, Antofagasta, Chile
2006
Area: 1.440 m² (gross)
Cost: 508.000 €
Photos: AATA arquitectos
www.aata.cl

The order came from the client's need to expand an existing mining camp, which consisted of 20-foot shipping containers that were refurbished and added as the camp grew, devoted to the exploitation of a gold and silver mine. The camp is located in the Atacama Desert, the driest in the world, where temperatures range from -4° to 35° degrees and the wind reaches 70 km per hour. To improve conditions for miners and quality housing in the camp, we proposed to reorganize and relocate the containers elsewhere. Set on two floors to increase the conditions of light and temperature inside the dorms, as in the common areas, helping reduce the energy consumption for heating and ventilation. This was a major logistical challenge, because of their 24-hour operation task. The hotel's capacity is for 320 people with 16 modules of bathrooms.

To lower the heat they created a shadow that allows withstanding the high temperatures of the day and protects against the cold desert nights. This was done through a tarp stretched over the camp, which allows the air circulation horizontally, despite the strong winds, causing the heat to be withdrawn passively from the building creating a very pleasing thermal environment at the pedestrian level. For this same purpose, it was also proposed the creation of green areas within the clusters, so that the evaporation of water helps lower temperatures.

El encargo surgió porque el cliente necesitaba ampliar un campamento minero existente dedicado a la explotación de una mina de oro y plata, que estaba compuesto por contenedores de carga de seis metros que fueron restaurados y añadidos a medida que el pueblo crecía. El campamento está ubicado en el desierto de Atacama, el más seco del mundo, donde las temperaturas van de los -4° a los 35° grados y el viento alcanza los 70 km por hora. Para mejorar las condiciones de los mineros y la calidad de las viviendas de la zona, propusimos reorganizar y reubicar los contenedores a otro lugar. Se dispusieron en dos pisos para mejorar las condiciones de luz y temperatura del interior de los dormitorios, así como la de las zonas comunes, ayudando a reducir el consumo energético de la calefacción y la ventilación. Este fue el principal reto logístico, ya que es una tarea que está operativa las 24 horas del día. La capacidad del hotel es para 320 personas con 16 módulos de baños.

Para reducir el calor, crearon un protector que hace sombra, lo que permite soportar las altas temperaturas del día, y que protege del frío de las noches del desierto. Se llevó a cabo extendiendo una lona por el campamento, que permite la circulación de aire horizontal, a pesar de los fuertes vientos, provocando que el calor salga del edificio de forma pasiva, creando un ambiente térmico agradable en la zona peatonal. Por esta misma razón, también se propuso la creación de zonas verdes dentro de las unidades para que la evaporación del agua ayude a bajar las temperaturas.

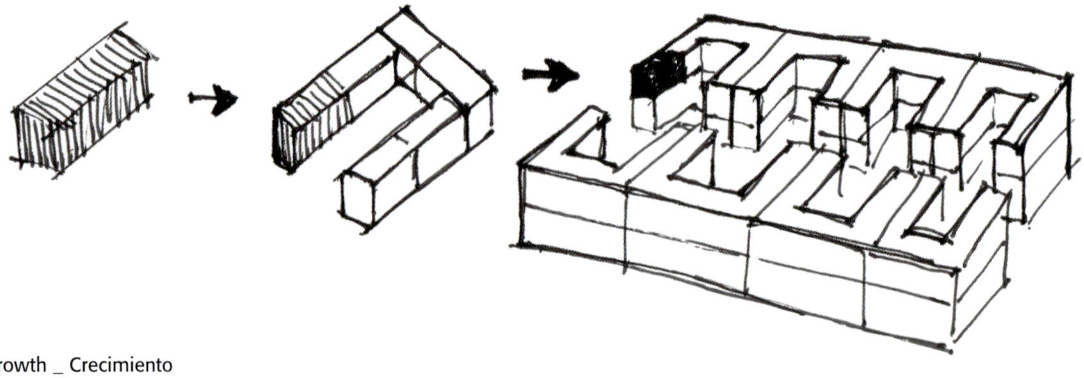

Growth _ Crecimiento

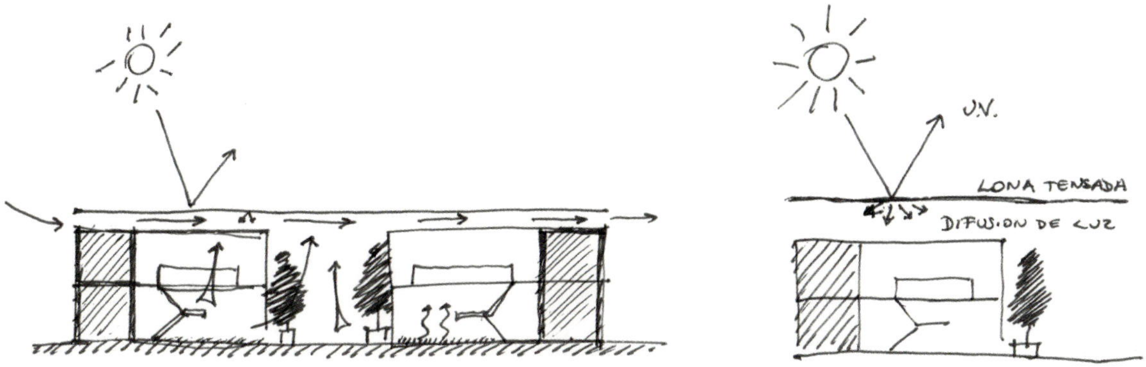

Ventilation diagram _ Esquema ventilación

AATA Arquitectos looked at a container as a base unit, which could generate a larger unit by ordering it, that can also be attached to another and so on, creating an orderly system of grouping, delivering the guidelines for the future growth of the camp.

AATA Arquitectos visualizó los contenedores como unidades básicas que, si se ordenaban, podían generar una unidad más grande y, también, unirse los unos con los otros, creando un sistema ordenado de agrupación y estableciendo, así, las pautas para el futuro crecimiento del campamento.

GOOD MORN
GOOD MORN
EUROPEISKE SPESIALITETER
SPAIN

XBO

70°N arkitektur

Photos: Bent Raanes and Sarah Cameron Sørensen
Rune Stoltz Bertinussen
70°N arkitektur
www.70n.no

XBO is a 12m long, 3,2m wide and 3,5m high unit that unfolded creates a garden and provides comfortable living in any location or contextual impact. All you have to do is to open it up and start living. It opens up to adapt to the unforeseen possibilities of each new context. In this way, the contradictory parameters of stability and change, of mutual dependency and influence, are the basis on which the project is created and related. The structure consists of two parts that can be pulled apart, revealing a 7m long protected garden that again might be opened to the surroundings.

The project started when 70°N arkitektur was invited to the European exhibition PARASITE (Prototypes for Amphibious, Readymade, Advanced, Small-scale, Individual, Temporary and Ecological) houses. As a result of this, a prototype was developed in collaboration with a housing factory on Senja, Northern-Norway and packed together the XBO, being the size of a container, might easily be transported on a truck.

The project focus on keeping things to a minimum, also concerning use of resources, trying to maximize the qualities of active living, light and openness, but at the same time provide the needed protection from the outside impact in order to create a simple but comfortable habitation. The project blurs the boundaries between temporary and mobile architecture. On one hand it shelters all your habitation needs, on the other hand it is easily moved and it doesn't need any external permanent infrastructure.

El XBO es una unidad de 12 metros de largo, 3,2 de ancho y 3,5 de alto que, al desplegarse, descubre un piso y proporciona una vivienda cómoda en cualquier lugar o impacto contextual. Todo lo que se tiene que hacer es abrirla y empezar a vivir. Se abre para adaptarse a las posibilidades imprevistas de cada nuevo contexto. De este modo, los contradictorios parámetros de estabilidad y cambio, de dependencia mutua e influencia, son las bases sobre las que el proyecto se ha creado y relacionado. La estructura consiste en dos partes que pueden separarse, revelando un piso protegido de 7 metros de largo que, como se ha dicho anteriormente, puede abrirse a lo que le rodea.

El proyecto empezó cuando se invitó a 70°N Arkitecktur a la exposición europea de casas PARASITE (Prototipos de casas Anfibias, Prefabricadas, Avanzadas, a Pequeña escala, Individuales, Temporales y Ecológicas). Consecuentemente, se desarrolló un prototipo en colaboración con una fábrica de viviendas en Senja, al norte de Noruega, y juntos crearon el XBO que, al tener el tamaño de un contenedor, podía transportarse fácilmente en un camión.

El proyecto se basa en mantenerlo todo al mínimo, también en lo que a recursos se refiere, intentando maximizar las cualidades de una vida, luz y apertura activas, pero a la vez proporcionar la protección necesaria del impacto exterior para crear una residencia sencilla pero cómoda. El proyecto se encuentra en el límite de la arquitectura temporal y la móvil. Por un lado, contiene todas las necesidades de un alojamiento, y por otro, se puede trasladar fácilmente y no necesita ninguna infraestructura fija externa.

Within a framework of the two spatial qualities "being outside" and "being inside", the plan is open to be interpreted by the inhabitants. The following three spaces are considered essential: a porch with a bench, kitchenette, closet and living room; the garden/terrace with adjustable walls and elements of choice and the transformable bedroom/office, shelves and a simple bathroom.

Dentro del marco de las dos cualidades espaciales de "estar fuera" y "estar dentro", el plan está abierto a ser interpretado por los habitantes. Se consideran esenciales los siguientes tres espacios: un porche con un banco, una pequeña cocina, el lavabo y la sala de estar; más detalladamente, un jardín-terraza con paredes ajustables y elementos seleccionables, una habitación que se transforma en estudio, estanterías y un baño sencillo.

xbo

xbo

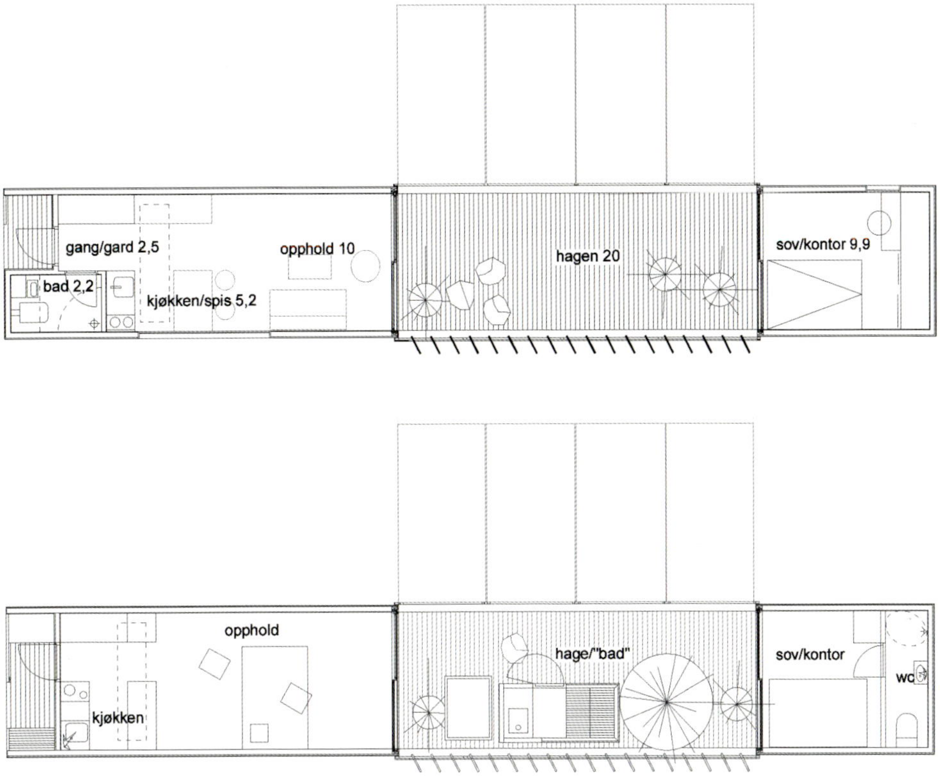
gang/gard 2,5
opphold 10
hagen 20
sov/kontor 9,9
bad 2,2
kjøkken/spis 5,2
opphold
hage/"bad"
sov/kontor
wc
kjøkken

Plan _ Planta

Its design includes large glass windows; birch veneer and linoleum floor, and provides a modern and slightly luxurious feeling.

Su diseño incluye grandes ventanales de vidrio, chapa de madera de abedul y suelo de linóleo, lo que transmite una ligera sensación de lujo y modernidad.

Rondolino Residence

Nottoscale

Location: High Desert near Scotty's Junction, Nevada, USA
2010
Area: 110 m² building. 85 m² exterior deck (terraza exterior)
Materials: Structural insulated panels (SIP's), wood slats
Paneles estructurales aislantes (SIP), tablillas de madera
Photos: Joe Fletcher Photography
www.nottoscale.com

The Rondolino residence is the prototype of the *T-modulome*, a prefabricated building system by Nottoscale that was first developed in 2002. Fabrizio Rondolino, an independent writer and author from Rome (Italy) commissioned Nottoscale to build the *T-modulome* on an isolated stretch of land in the Nevada desert. The site is an isolated piece of land in the Nevada High Desert and is far from any infrastructure or for that matter any neighbour, which is why it was needed to scrape a dirt path to the site, dig a well, create a leech filed and bring electricity to the site, so Nottoscale situated the building in such a way as to take full advantage of the surrounding views, existing wind patterns and the trajectory of the sun. Passive cooling concepts such as cross and stack ventilation, shading, building orientation were used throughout the project. The House is oriented in such a way as to take advantage of prevailing winds that, through cross and stack ventilation, maintain a comfortable temperature in the house, avoiding the need for an highly energy intensive air conditioning system. The large trellis on the deck shades the windows facing south while all the bedroom windows are facing north in order to prevent heat-gain. The architect did not only furnish the entire house but also provided all items that are needed for a stay such as a fully equipped kitchen, stereo system, washing machine, alarm system and tools, so that the client only needs to bring his clothing and food when he comes to the house, making this a truly turn key vacation home.

El domicilio Rondolino es el prototipo del *T-modulome*, un sistema de edificación prefabricada, creado por Nottoscale, que se creó en 2002. Fabrizio Rondolino, un escritor independiente y autor natural de Roma, Italia, encargó a Nottoscale construir el *T-modulome* en una extensión de tierra aislada en el desierto de Nevada. El lugar es una superficie aislada de tierra en el desierto de Nevada y está apartada de cualquier infraestructura o, en realidad, de cualquier vecino, razón por la que se tuvo que limpiar el sucio camino, cavar un pozo, crear una zona de drenaje del tanque séptico y traer electricidad al lugar, así que Nottoscale ubicó la vivienda en un sitio donde se pudiera sacar partido de las vistas del entorno, el viento existente y la trayectoria del sol. Se utilizaron, en todo el proyecto, conceptos de refrigeración pasiva, como la ventilación cruzada y la de efecto chimenea, el sombreado o la orientación del edificio. La casa está orientada de tal manera que aprovecha los imperantes vientos que, mediante los métodos de ventilación pasiva antes mencionados, mantiene una temperatura agradable en la vivienda sin tener que recurrir a un sistema de aire acondicionado intensivo de gran consumo energético. El gran enrejado que hay en la terraza proporciona sombra en las ventanas de orientación sur, mientras que todas las ventanas de las habitaciones están orientadas hacia el norte para prevenir la acumulación de calor. El arquitecto no sólo amuebló toda la casa, sino que también proporcionó todos los artículos necesarios para entrar a vivir, como una cocina completamente equipada, un sistema de sonido estereofónico, lavadora, sistema de alarma y herramientas, para que el cliente, cuando llegara a la casa, únicamente tuviera que traer ropa y comida, convirtiéndose en una verdadera residencia vacacional lista para entrar a vivir.

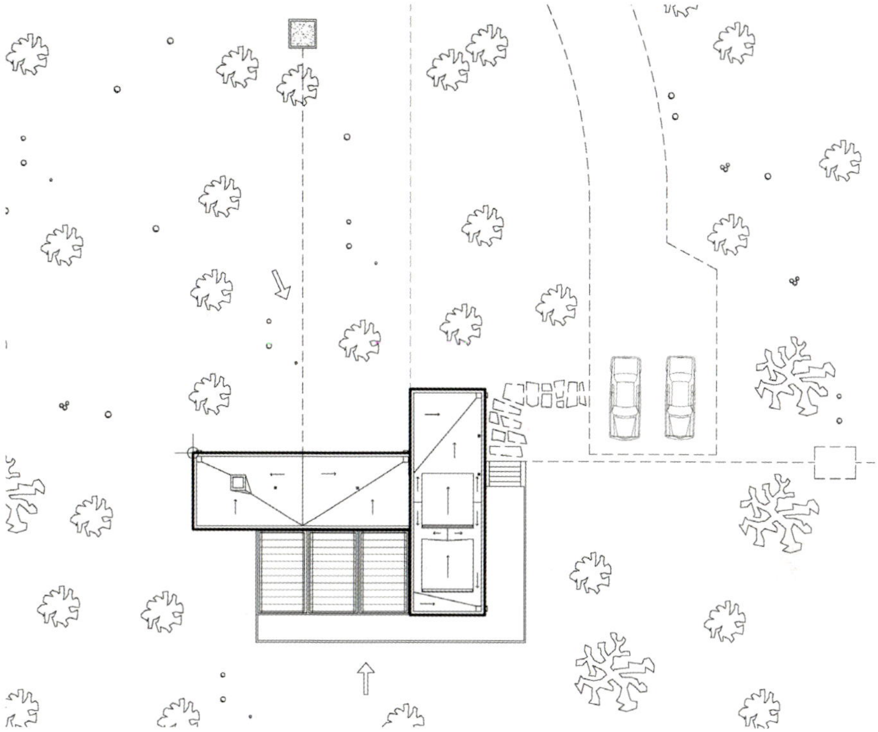

Site plan _ Plano de situación

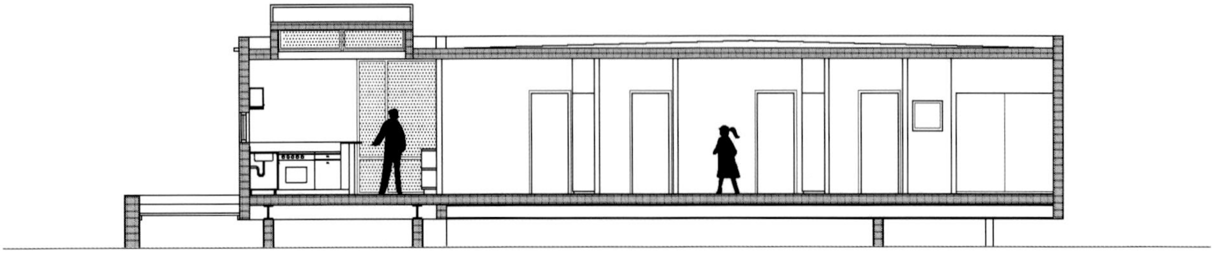

Longitudinal section A-A _ Sección longitudinal A-A

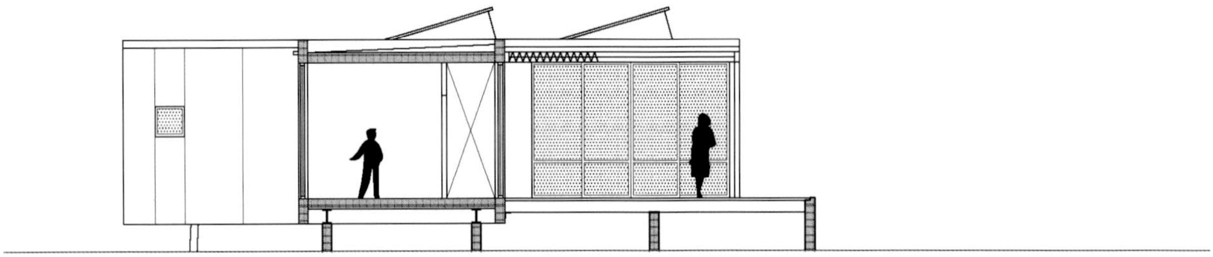

Transverse section 1-1 _ Sección transversal 1-1

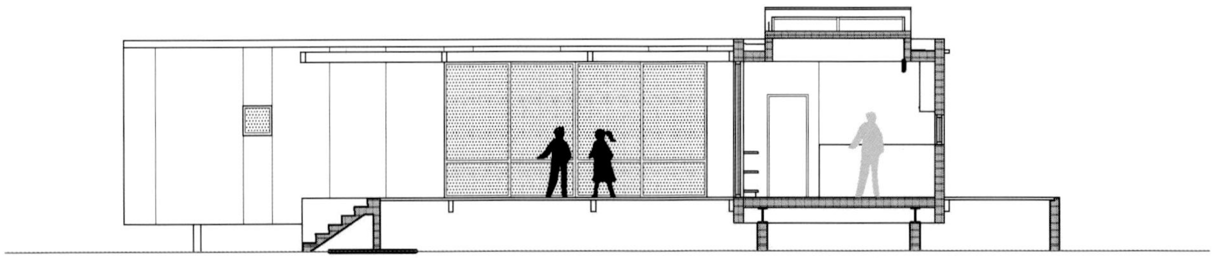

Transverse section 2-2 _ Sección transversal 2-2

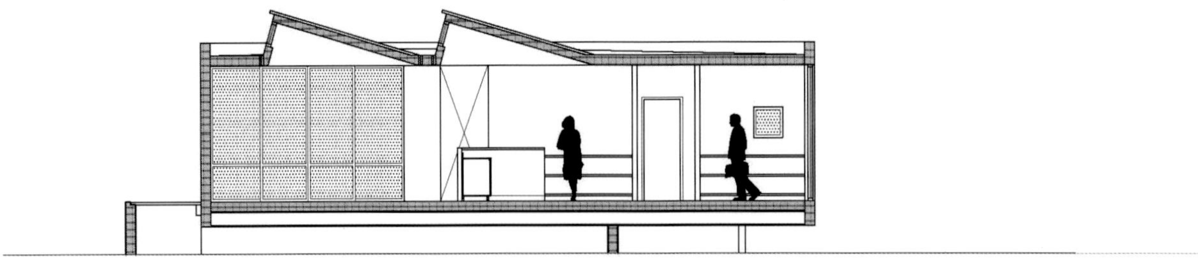

Longitudinal section B-B _ Sección longitudinal B-B

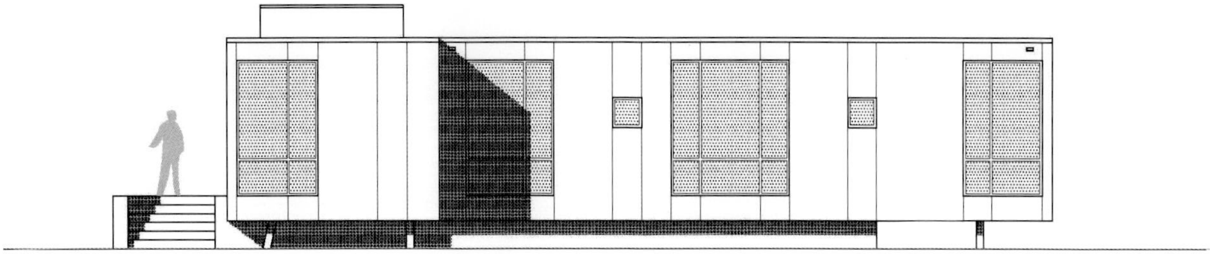

North elevation _ Alzado norte

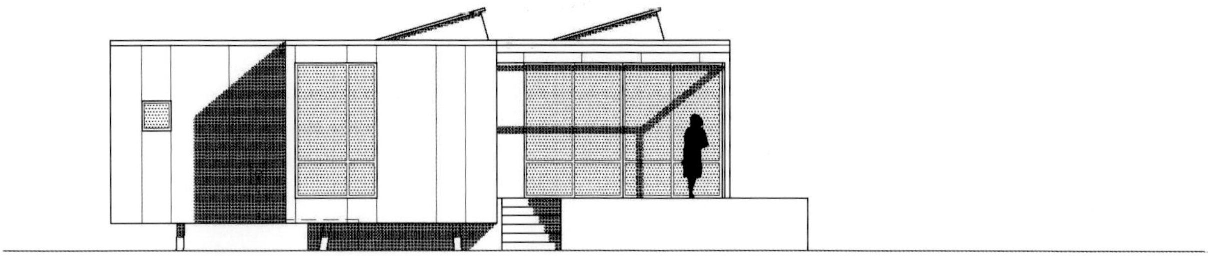

West elevation _ Alzado oeste

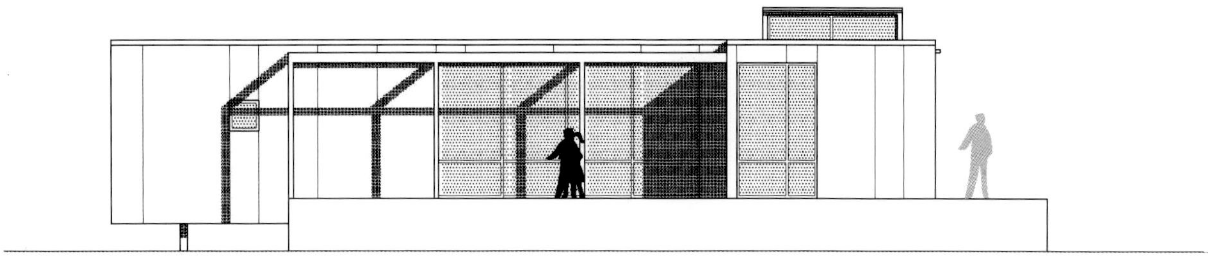

South elevation _ Alzado sur

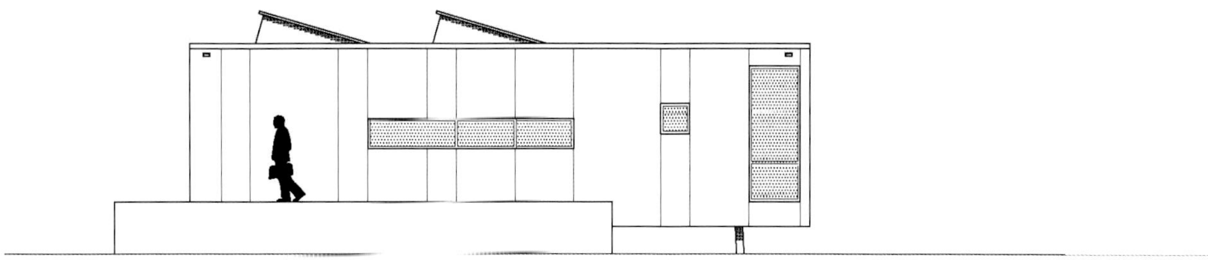

East elevation _ Alzado este

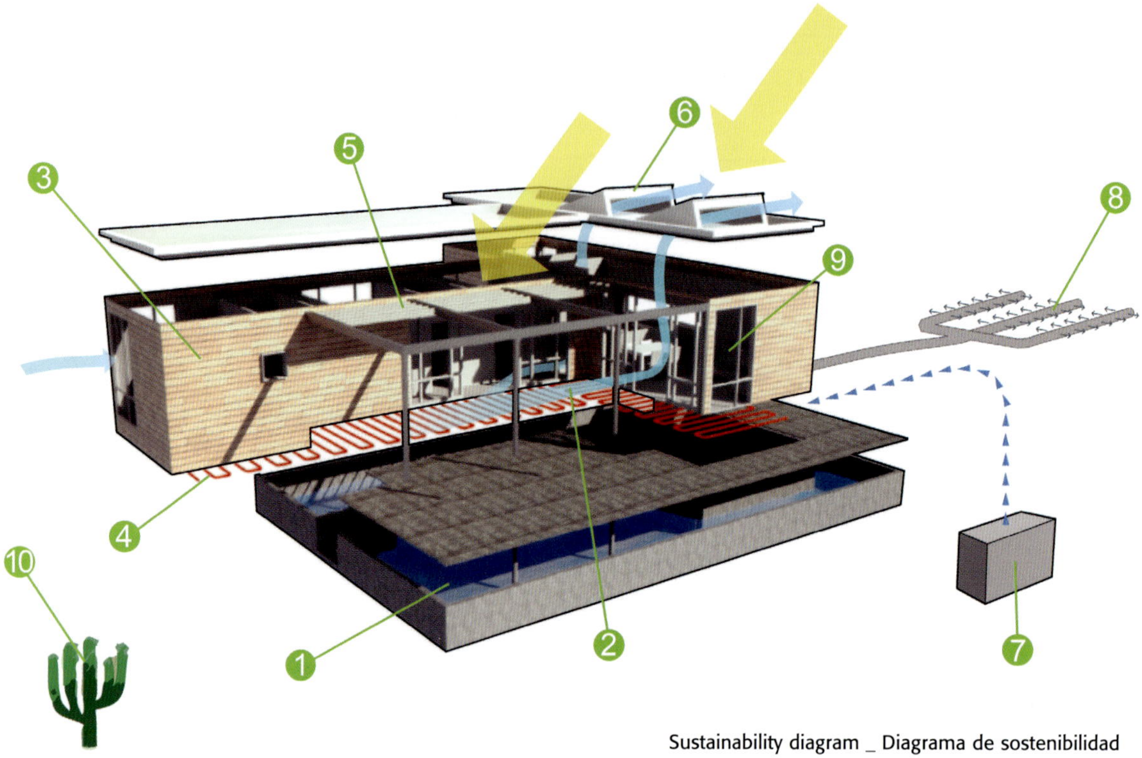

Sustainability diagram _ Diagrama de sostenibilidad

1. Thermal mass temperature buffer - crawlspace filled with gravel maintains even temperature year round to reduce heating and cooling needs.
2. Natural cross and stack ventilation.
3. Highly insulated Structural Insulated Panels (SIP)
4. Energy efficient hydronic radiant heating system that can be upgraded to include radiant cooling.
5. Trellis shading system reduces solar heat gain.
6. Diffused daylighting through light monitors.
7. Off the grid local well.
8. Local septic leach field system.
9. High performance double-pane, Low-E coated windows.
10. Landscaping with local species that do not require irrigation.
11. Compact floor plan to provide greater efficiency
12. Sustainable materials such as low VOC paints and bamboo eco-timber flooring.
13. Energy Star rated appliances.
14. Reduction of construction waste through prefabrication.

1. Amortiguación de temperatura de la masa térmica: cámara subterránea con gravilla que mantiene la temperatura durante todo el año para reducir las necesidades de calefacción y refrigeración.
2. Ventilación natural cruzada y de efecto chimenea.
3. Paneles estructurales aislantes (SIP) de alto aislamiento.
4. Sistema de calefacción por radiación de agua caliente energéticamente eficiente que puede mejorarse al incluir refrigeración por radiación.
5. El sistema de enrejado reduce la acumulación de calor solar.
6. Luz del día difusa mediante controles de luz.
7. Pozo local aislado.
8. Sistema de drenaje séptico local.
9. Ventanas con revestimiento de baja emisividad y doble cristal de gran eficacia.
10. Arquitectura paisajista con especies locales que no necesitan irrigación.
11. Plano de planta compacto para proporcionar una mayor eficiencia.
12. Materiales sostenibles, como pinturas con bajo contenido en COV (Compuestos Orgánicos Volátiles) y suelos de madera reciclada de bambú.
13. Electrodomésticos clasificados por Energy Star.
14. Reducción de desperdicios de construcción debido a la prefabricación.

The house is built with high insulating SIP panels and is heated with a radiant heating system that can easily be upgraded to a radiant cooling system. Various sustainable systems and approaches were used in order to minimize the physical as well as the carbon footprint of the building.

La vivienda está construida con paneles SIP (Panel Estructural Aislante) de alto aislamiento y se calienta con un sistema de calefacción por radiación, que puede transformarse fácilmente en un sistema de refrigeración también por radiación. Se utilizaron diversos sistemas y enfoques sostenibles para minimizar la huella tanto física como de carbono del edificio.

HOT TUB
LIVING
DECK
DINING
UP
KITCHEN
BUILT IN SHELVING
BATH-ROOM
MASTER BATH
BEDROOM NO. 3
BEDROOM NO. 2
MASTER BEDROOM
UP
wash
UTILITIES
fcu
hw
STUDY
BUILT IN SHELVING

Plan _ Planta

One of the main design considerations was to take advantage of the views and to give the owner the feeling to be in the middle of the desert even though when he is inside the home. This is why Nottoscale introduced large floor to ceiling windows in all living quarters and raised the building on a concrete plinth, which seems to emerge out of the desert landscape while overlooking the scenery. This gives the user the impression to float over, yet to be completely immersed into the desert landscape.

Uno de los principales factores del diseño era sacar provecho de las vistas y dar al propietario la sensación de que está en medio del desierto, incluso cuando estuviera dentro de la casa. Es por eso que Nottoscale dispuso, en todas las habitaciones, grandes ventanales que van del suelo al techo y erigió el edificio sobre un plinto de hormigón, que parece emerger del paisaje desértico mientras se observa el paisaje. Esto da al usuario la impresión de flotar, aún estando totalmente inmerso en el paisaje del desierto.

Kundenhaus Hagenbuch

Davinci Haus GmbH

Location: Zurich, Switzerland
2004
Area: 227 m^2
Materials: Structural Wood Frames and Panels
Paneles y marcos estructurales de madera
Photos: Mrs. Susanne Seiler-Hersperger
www.davinci-haus.de

DaVinci Haus built its first prefabricated home over thirty years ago. Today, it continues to build its impressive family homes from wood, glass and wooden frames. The complete framework of a Da Vinci home is characterised by solid, unique lines and amazing constructive clarity, reminiscent of the *atomic ranches* built in the 50s and 60s. All project dimensions are established in the pursuit of design clarity and are evaluated statically. Clearly design orientated, the construction of a DaVinci Haus requires a high level of technical craftsmanship as well as careful planning and processing of all the elements involved in the project, such as the corner glass, complex electrical installations and panel finishes.
The gable roof, pitched at a 20° angle, was finished in Tegalit, an assembly material that provides perfect long-term insulation. This complete thermal insulation and a U-value of 0.147 W/m^2 k, make the Hagenbuch house and its structure unique. This exceptional performance is achieved using specially selected high quality, thick materials. As well as the optimum U-value of 0.12 W/k in the compartment, a very thick covering of natural plasterboard in the low interior roof was installed, to afford a more comfortable interior temperature.

De sus primeras casas familiares prefabricadas a las impresionantes casas prefabricadas comercializadas en la actualidad, DaVinci Haus lleva más de 30 años construyendo en madera y vidrio con estructuras de marco de madera. La estructura de armazón completo se caracteriza por una línea consistente única en el mercado y una asombrosa claridad constructiva, con evidentes reminiscencias a los *atomic ranch* de los años 50 y 60. Todas las dimensiones que se establecen en el proyecto se realizan en pos de la claridad de diseño y se evalúan de forma estática. Claramente orientadas al diseño, construcción de las DaVinci Haus requiere un alto grado de artesanía técnica y un especial cuidado en la planificación y el procesamiento de todas las piezas que conforman el proyecto, como los vidrios en esquina, las complejas instalaciones eléctricas y los paneles de acabado, por ejemplo.
La cubierta a dos aguas, de 20° de pendiente, se acaba con Tegalit, un material de montaje que asegura un perfecto aislamiento durante años. Con este aislamiento térmico completo y un valor U de 0,147 W/m^2 k alcanzado, el techo de la casa Hagenbuch y su estructura se presentan como únicos. Este excepcional rendimiento se logra mediante el uso de materiales especialmente elegidos en calidad y espesor. Además del valor óptimo de U, 0,12 W/k en el compartimiento, se garantiza una superficie muy gruesa de placa de yeso natural en la zona del techo bajo interior, para un clima interior más confortable.

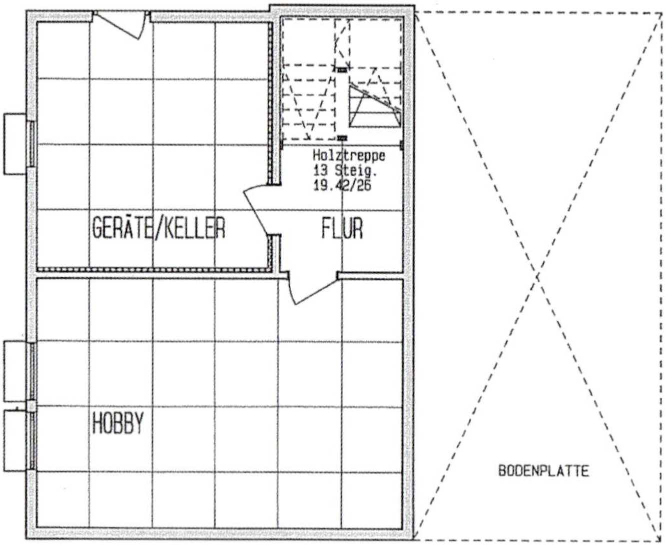

Second floor _ Planta segunda

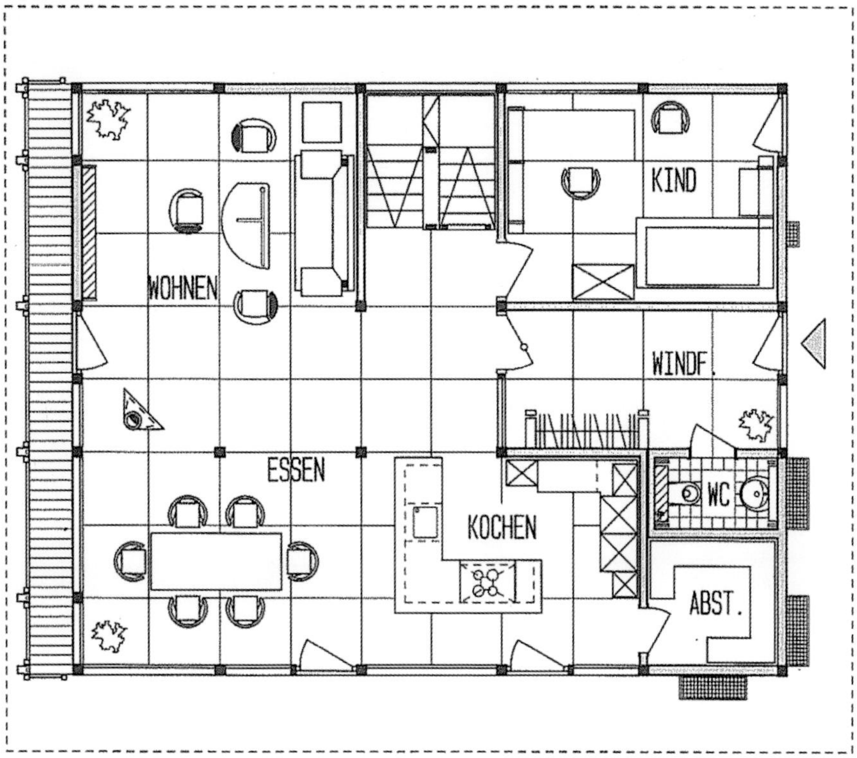

Ground floor _ Planta baja

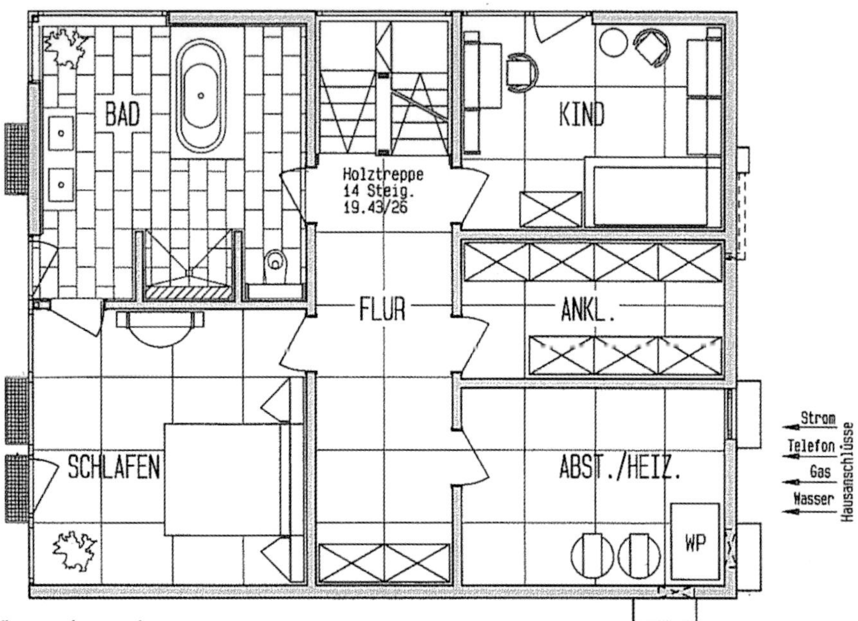

First floor _ Planta primera

The property has a technically perfect and reliable heating system with individual room control, which heats up quickly and is economical to run. The floor gives off a clean and pleasant heat, doing away with the need for radiators dotted around the house or visible ventilation pipes.

La vivienda utiliza un sistema de calefacción técnicamente perfecto y confiable, con control de individual de habitación y un calentamiento breve y económico en el consumo. Sin los inquietantes radiadores dispuestos aleatoriamente o conductos de ventilación vistos, el pavimento produce un sano y agradable calor radiante.

The new *Viessmann* (or other well know manufacturer) compact air/hot water pump is extremely functional. It reduces operating costs and the need for primary energy to a minimum owing to its high level of performance. Also, pressing the button to set the hot water in motion can activate the appliance's summer mode.

El nuevo compacto aire/bomba de calor de agua de *Viessmann* (o de otros fabricantes conocidos) es realmente funcional. Se reducen al mínimo los costos operativos y la demanda de energía primaria debido a los números de alto rendimiento que producen estos aparatos. También, pulsando un botón para la operación de agua caliente, puede convertir la bomba de calor en el verano.

Kundenhaus Osterseen

DaVinci Haus GmbH

Location: Munich, Germany
2009
Area: 200 m^2
Materials: Structural Wood Frames and Panels
Photos: Mr. Jörg Schönbein
www.davinci-haus.de

Many families dream of owing their own home in which they can bring all their ideas to fruition. The perfect scenario would be to find the ideal house and location at the same time as well as enjoy magnificent views over stunning natural surrounds and the lakes of Osterseen (a unique setting located on an high plateau comprising nineteen small lakes called "the tears of Lake Starnberg"). The house had to be contemporary but also comply with local regulations regarding material and colour. As well as the house, a professional studio with views of the lake was to be located in the grounds. Clean lines and large windows combined with simple and efficient shapes are the distinctive characteristics of modern architecture. Accessible views were at the heart of this project, and therefore large terraces and balconies were specifically created for this purpose on the upper floor. Two overhangs adorn the relaxation zone of the spa and a bedroom which are connected on one side and located behind the kitchen next to the studio, where there is a terrace offering the desired views. The third overhang runs up to the facade, giving the roof an added dimension and creating an attractive outline.

DaVinci Haus has been building houses in Germany for over sixty-five years and is rapidly expanding throughout Europe. Using wooden structures in industrialised construction processes, the houses are supported using modular structures made from controlled and slow-growth wood. The interior partitions afford good thermal and sound insulation and are complemented by double and triple glazing, underfloor heating and geothermic and aero thermic methods.

Muchas familias sueñan con una casa propia en la que puedan moldear sus ideas y posibilidades. A quien ha encontrado el lugar perfecto para su casa una vez, le gustaría disfrutar también con la correspondiente casa de sus sueños, y la magnífica vista sobre los lagos de Osterseen (un paisaje único en un páramo alto conformado por 19 pequeños lagos, "las lágrimas del Lago Starnberg"). La casa debe ser contemporánea a la vez que debe adaptarse a la normativa local en cuanto a materiales y colores. Aparte del programa de vivienda, debe colocarse un estudio profesional en las inmediaciones de la casa, con vistas a los lagos, por supuesto. Líneas claras, grandes ventanales y un lenguaje sencillo pero eficaz en las formas son características distintivas de la arquitectura moderna. Las vistas son el alma de este proyecto, por lo que aparecen grandes terrazas y balcones, claramente optimizados para esta función en la última planta. Dos voladizos visten la zona relajante del spa y un dormitorio, que se conecta por un lado y se sitúa detrás de la cocina junto al estudio, que presenta una terraza directa con la vista deseada. El tercer voladizo corre hasta la fachada, trae variedad a los tejados y realiza un juego de proporciones muy agradable.

DaVinci Haus ha estado construyendo casas en Alemania desde hace más de 65 años, y está expandiéndose por Europa rápidamente. Utilizando estructuras de madera en procesos de construcción industrializada, las casas se sustentan mediante estructuras modulares realizadas en madera de crecimiento lento y controlado. Los tabiques interiores proveen un buen aislamiento térmico y sonoro, que se complementa con vidrios de dos y tres cámaras y calefacción por suelo radiante y métodos de geotermia o aerotermia.

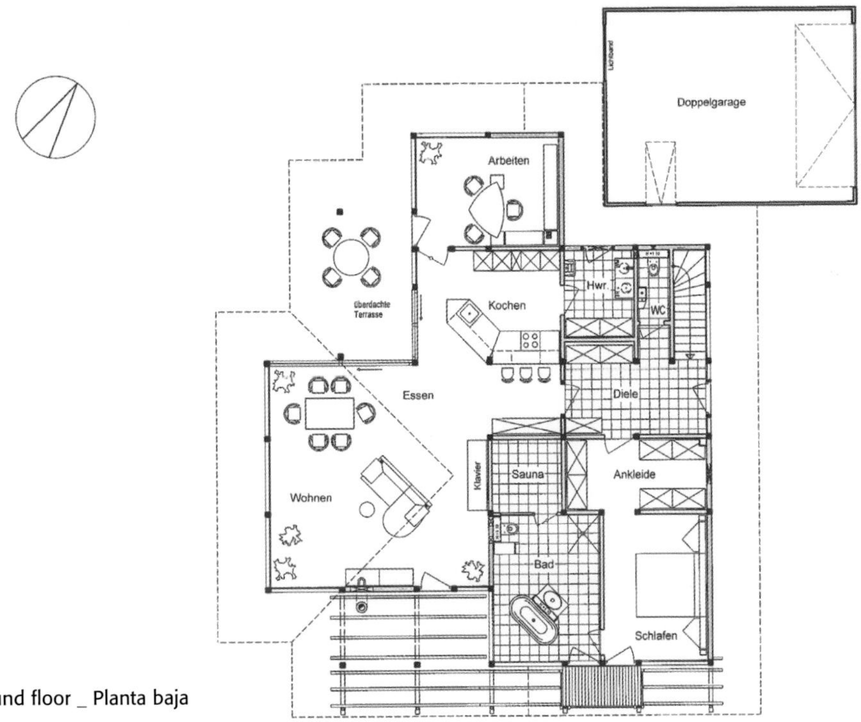

Ground floor _ Planta baja

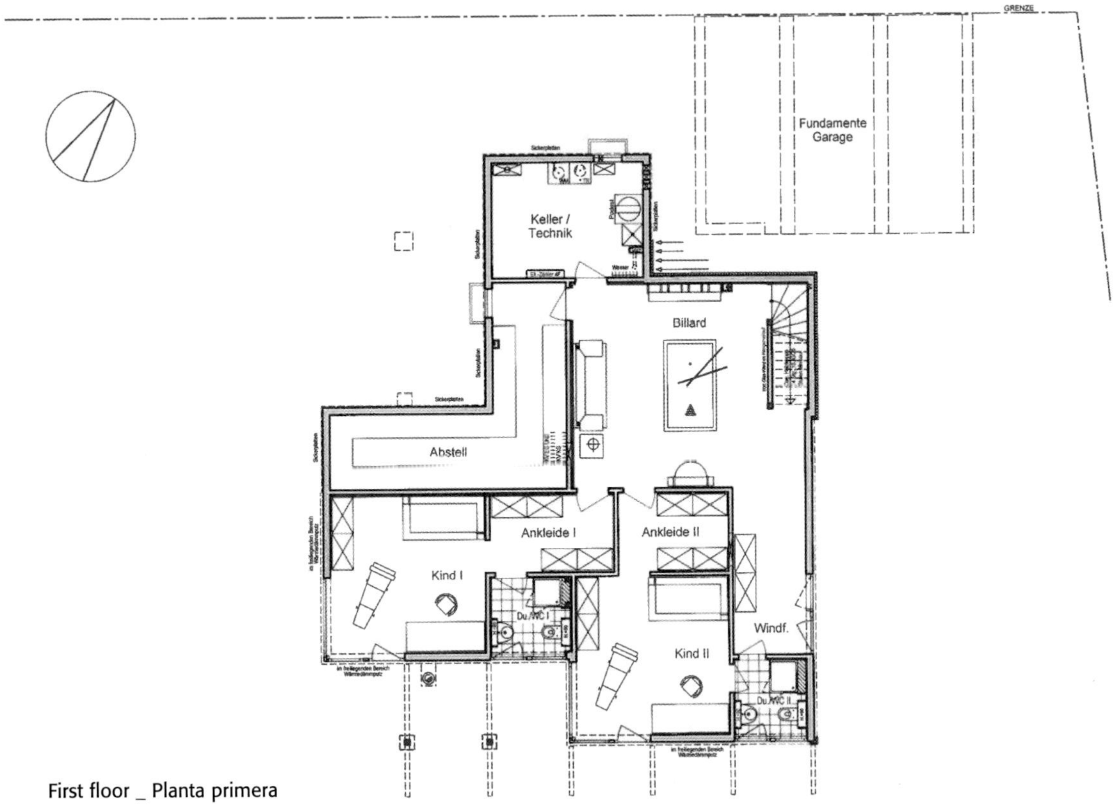

First floor _ Planta primera

The DaVinci Haus homes offer universal services such as built-in furniture, designer kitchen, basement (built using the same system), swimming pool and gardens. A wide variety of options are also available for the garage. These houses meet the strictest environmental requirements and the whole wooden framework is characterised by its unique outline and extremely solid constructive clarity.

Las casas de DaVinci Haus ofrecen servicios universales como mobiliario encajado, cocina de diseñador, sótano construido con el mismo sistema, piscina y jardines. Existe también una amplia variedad de posibilidades para el garaje. Además, estas casas prefabricadas alcanzan las exigencias ambientales más rigurosas. La estructura de armazón completo en madera se caracteriza por una línea única y una claridad constructiva muy consistente.

Kundenhaus Rosenberg

DaVinci Haus GmbH

Location: Hannover, Germany
2007
Area: 269 m^2
Materials: Structural Wood Frames and Panels
Photos: Mr. Dirk Krauss
www.davinci-haus.de

At first glance, it is clear that the Rosenberg house is open, spacious and unique. Its simple and timeless look is undoubtedly owing to the property's grey structural framework. The modern outline is in keeping with the Skelettbauweise wooden principle, without definition on the load, affording a continuous flow between the different elements. The flat garage roof is often used as an extension of the terrace and barbeque area. This house has an open plan layout, affording walkways throughout the house. The functional, combined areas for cooking, eating and living are crucial to the project and a defining part of the house.
A Vulcano fireplace will safely provide a warm, comfortable ambience in the winter and food for the soul; a flickering fire is perfect for whiling away a relaxing afternoon. The kitchen, which has been painted red, is clearly a design feature, and its practical storage room is perfect for housing any items when they are not in use. The upper floor, accessed via a double wooden stairway, has two separate areas and a private sanctuary for the family. One of the bedrooms has a dressing room and access to a balcony as well as the ceramic family swimming pool and sauna. A high quality two-tone grey carpet, matching the colour of the house's wooden framework, dominates the upper floor. The gallery leads into the living area and spreads out over the top floor, which is subject to interesting moonlight effects thanks to work carried out in the interior of the property.

A primera vista, la casa Rosenberg ofrece apertura, comunicación e individualidad. Es sencilla y atemporal, seguramente a cause de la estructura gris de su esqueleto. El moderno marco sigue el principio de la *Skelettbauweise* de madera, sin definición sobre la carga, dando como resultado un flujo contínuo entre las diferentes piezas. La cubierta plana del garaje se utiliza a menudo como una extensión de la zona de terraza y barbacoa. Esta vivienda presenta un programa abierto, con circulaciones a través de la casa. Las áreas funcionales, cocinar, comer y vivir se presentan en continua combinación y son cruciales en el proyecto y evidentes en la definición de la casa.
Una chimenea Vulcano prevé cálidas, cómodas y confortables atmósferas invernales, y actuará con toda seguridad como bálsamo en el alma de la casa; el parpadeo del fuego y el paso del tiempo siempre son relajantes. La cocina, pintada de roja, parece claramente orientada al diseño, y todo lo que ya no se utiliza en ella, desaparece en un práctico y pequeño trastero. Sobre una elegante escalera de madera de dos tramos los miembros de la familia pueden disponer de espacios individuales y su santuario privado en la planta superior. Hay un dormitorio con vestidor y acceso al balcón, así como una piscina familiar de cerámica con sauna. La planta superior está dominada por la moqueta de alta calidad de gris sobre gris, y coincide exactamente con el color de la construcción del marco de madera. La galería da a la zona de vida y consiste en la planta superior, con efectos interesantes por el resultado trabajado de la luz de la Luna sobre los interiores.

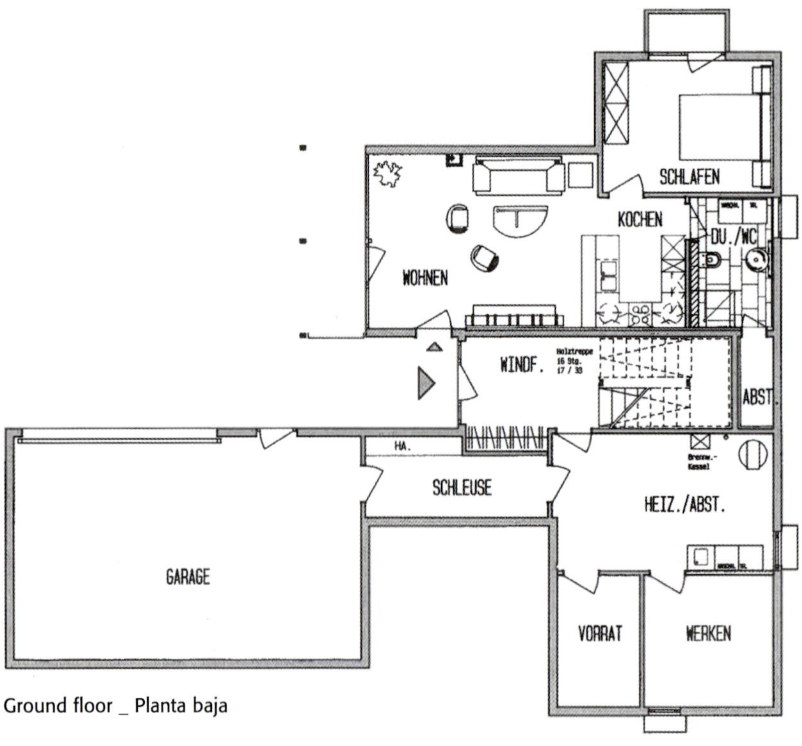

Ground floor _ Planta baja

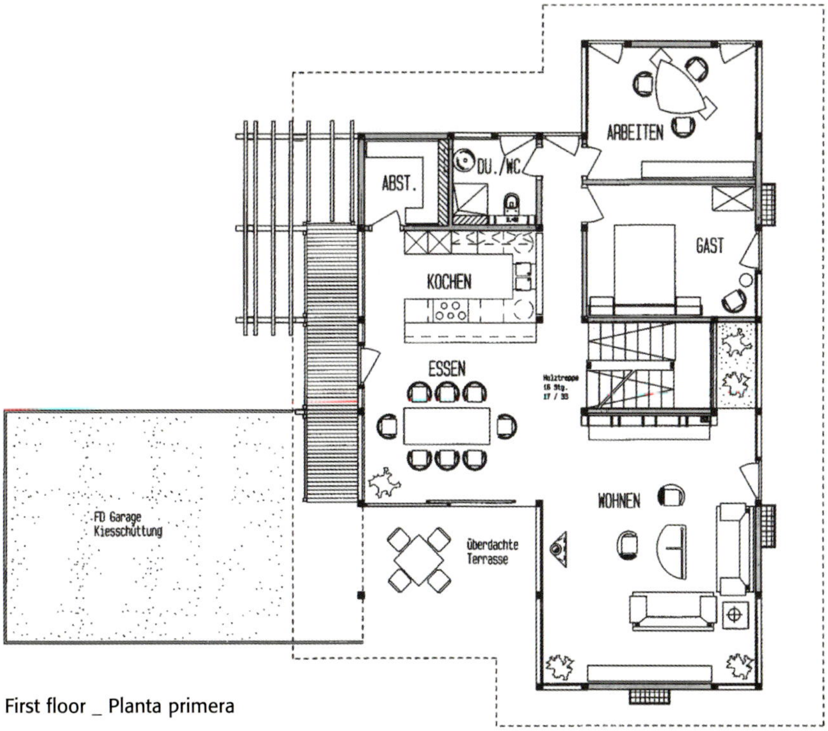

First floor _ Planta primera

No two DaVinci houses are the same. The architects plan each house separately, adapting them to meet the owner's requirements, the surrounds and regulations in place. Each house is unique, a lifestyle symbol which expresses the personality and needs of the client. The DaVinci prefabricated houses are constructed using a wooden structure, raw natural materials and wood from re-growth forests. Ecologically sound materials are important to the construction as is saving energy and generating the minimal amount of pollutants possible.

No hay dos casas DaVinci iguales. Los arquitectos planean cada casa individualmente, adaptándola para cumplir mejor los deseos del cliente, la naturaleza del emplazamiento y las exigencias normativas. Cada casa es única, un símbolo de un estilo de vida y una expresión de la personalidad y necesidades del cliente. Las casas prefabricadas de DaVinci son construidas con estructura de madera y están basadas en la materia prima natural, madera procedente de bosques regenerados. Es muy importante el uso de materiales ecológicamente inocuos, el uso económico de la energía y generar las mínimas emisiones contaminantes.

So, why is it called a Kit Home? All DaVinci Haus prefabricated buildings are made in its factory in Elben, in central Germany. A series of wall, floors and roof elements are manufactured before being transported to the site in special trailers. The windows, doors and glass walls are pre-fitted. Thanks to the company's knowledge, gleaned from decades of working with this construction method, faults and residue raw materials are kept to a minimum and do not generate any local loss. Once the building elements have arrived at the site, it only takes a couple of days to erect the entire outer building consisting of an external envelope and roof. Once the building envelope is complete, work commences on the interior, which requires approximately ten to twelve weeks to finish. In general, the time frame required to complete the building from start to finish never exceeds four weeks.

¿Entonces, por qué se le llama *Kit Home*? Todos los edificios de DaVinci Haus son prefabricados en su fábrica de Elben, en Alemania central. Una serie de paredes, suelos y elementos de azotea se fabrican antes de ser transportados a la parcela en remolques especiales. Las ventanas, puertas y paredes vidriadas son pre-encajadas. Usando el conocimiento ganado durante las décadas trabajando con este método constructivo, las mermas y residuos de materia prima son mínimos y no generan ninguna pérdida local. Después de que los elementos del edificio llegan al emplazamiento, solamente se necesitan unos días para erigir el edificio completo, que crea una envolvente externa completa, incluso el material para techar. Después de que el sobre del edificio ha sido completado, comienza a adecuarse el interior, que necesita de unas diez o doce semanas para estar acabado. En general, se puede señalar que el tiempo requerido desde partir el primer día en el emplazamiento hasta la finalización de la construcción no sobrepasa nunca los 4 meses.

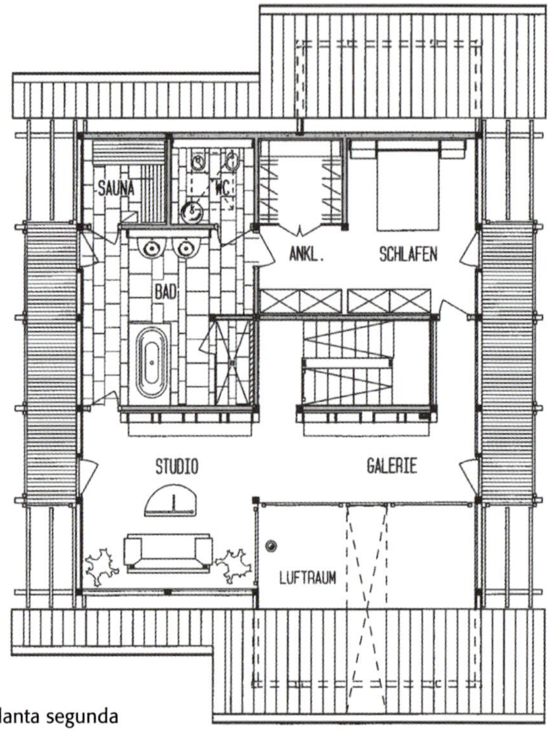

Second floor _ Planta segunda

Dwell Home

Resolution: 4 architecture. Joseph Tanney, Robert Luntz

Location: Pittsboro, North Carolina, USA
2004
Area: 222 m²
Photos: Jerry Markatos, Roger Davies, Wes Milholen
www.re4a.com

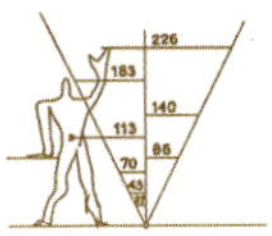

Typology: L Series. **Modules:** 5 Boxes
Exterior Materials: Horizontal Cedar Siding, Cement Board Panels, Standing Seam Metal Roof, Recycled Wood Composite Decking.
Interior Materials: Bamboo Flooring, Stone Countertops, Slate Bathroom Floors, Maple Cabinets, Aluminium Clad Wood Windows with Low E, Insulated Glass, Hot Rolled Black Steel Cladding.

Tipología: serie L. **Módulos:** 5 cajas
Materiales para el exterior: Revestimiento horizontal de cedro, tablillas de cemento, tejado metálico de junta de plegado saliente, entarimado compuesto de madera reciclada.
Materiales para el interior: Suelo de bambú, encimeras de piedra, suelo de pizarra para el baño, armarios de madera de arce, ventanas de madera recubiertas de aluminio de baja emisividad, vidrio aislante, revestimiento de acero negro laminado al calor.

Founded in 1990 by Joseph Tanney and Robert Luntz, Resolution: 4 Architecture is a firm dedicated to addressing 21st century conditions through intelligent architecture and design. The firm consciously takes on a perspective facilitating the conditions required to develop sustainable methods, strategies and solutions for the current and long-range conflicts and changes facing our dynamic communities. They seek to investigate, re-investigate, work with the palpable, illuminate the obscure and understand the composite interface of architecture, its user and its context.

The winning entry of the Dwell Home Design Invitational, The Dwell Home is situated on a hilly site among 7 wooded acres. The home takes full advantage of it's natural surroundings: bringing in the woodland views and natural light through plentiful windows, generously sized decks off the front and rear facades, and a roof deck with an outdoor fireplace. With about 220m² divided among five prefabricated modules, the home offers compact and efficient quarters made up of large open living spaces and cosy private enclaves. To meet the necessity of creating a liveable floor plan and a well-orchestrated flow of space, the ground floor is an open plan module containing a living room, dining area, and a kitchen that can be entirely open to the outside or enclosed by a curtain. Sensitive to the clients' desire for more defined communal/private spaces, the private spaces are more compartmentalized making up the second story volume of the home.

Fundada en 1990 por Joseph Tanney y Robert Luntz, Resolution: 4 Architecture es una firma que se dedica a reconducir las condiciones del siglo XXI a través de una arquitectura y un diseño inteligentes. La empresa adopta conscientemente un punto de vista que facilita las condiciones necesarias para desarrollar métodos, estrategias y soluciones sostenibles para los conflictos y cambios actuales y a largo plazo a los que hacen frente nuestras comunidades dinámicas. Tratan de investigar, reinvestigar, trabajar con lo evidente, aclarar lo confuso y comprender la compleja interfaz de la arquitectura, su usuario y su contexto.

La obra ganadora del Dwell Home Design Invitational (concurso de diseño de viviendas por invitación), la Dwell Home, está ubicada en un terreno montañoso entre casi tres hectáreas de arboleda. La casa saca partido de su entorno natural, ofreciendo vistas al bosque y luz natural a través de una gran cantidad de ventanas, terrazas de un generoso tamaño en la fachada principal y en la trasera y una azotea con una chimenea descubierta. Con un total de casi 220 metros cuadrados divididos en cinco módulos prefabricados, la vivienda ofrece habitaciones compactas y eficientes creadas a partir de grandes espacios abiertos y acogedores enclaves privados. Para cumplir con la necesidad de crear una planta habitable y una fluidez del espacio bien organizada, la planta baja es un módulo espacioso que contiene la sala de estar, el comedor y una cocina que puede ser totalmente exterior o separarse con una cortina. Conscientes de que el cliente deseaba unos espacios comunes y privados más definidos, las zonas privadas están más compartimentadas al construir un volumen en el segundo piso de la casa.

The construction process also leveraged the efficiency of wood framed modular, where approximately 80% of the house was built in a factory. By utilizing the opportunities available for off-site construction, the time required of crews on-site was significantly diminished, in turn minimizing the environmental impact on the local ecosystems, the waste that is typically deposited on or near the site, and the transport of crews and materials.

Durante el proceso de construcción, también se aprovechó la eficacia de los módulos de madera, ya que aproximadamente el 80% de la casa se construyó en una fábrica. Al aprovechar las oportunidades que ofrece la construcción fuera de obra, se disminuyó significativamente el tiempo que el equipo necesitó para trabajar y, a su vez, se redujeron el impacto medioambiental en los ecosistemas de la zona, los residuos que normalmente se depositan en el lugar o cerca de él y el traslado del equipo y de los materiales.

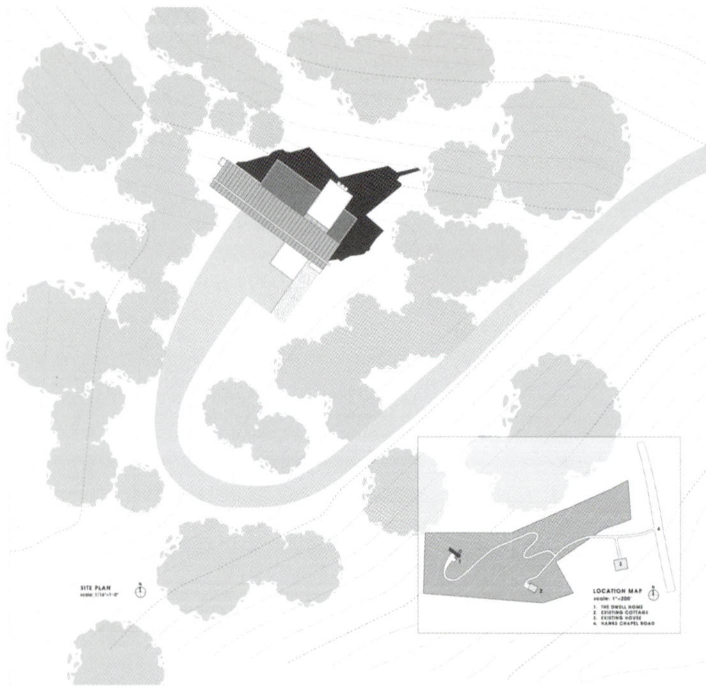

Site plan _ Plano de situación

PREFABRICATED CONSTRUCTION
1. Communal module
2. Private module
3. Stair module
4. Storage module
5. Roof module

SITE WORK
A. Kitchen saddlebag
B. Living room fireplace / chimney
C. Balcony
D. Patio
E. Cedar siding
F. Brise soleil

CONSTRUCCIÓN PREFABRICADA
1. Módulo común
2. Módulo privado
3. Módulo de escaleras
4. Módulo de almacenamiento
5. Módulo del tejado

OBRA EN EL LUGAR
A. Compartimentos de la cocina
B. Chimenea de la sala de estar
C. Balcón
D. Patio
E. Revestimiento de cedro
F. Parasol

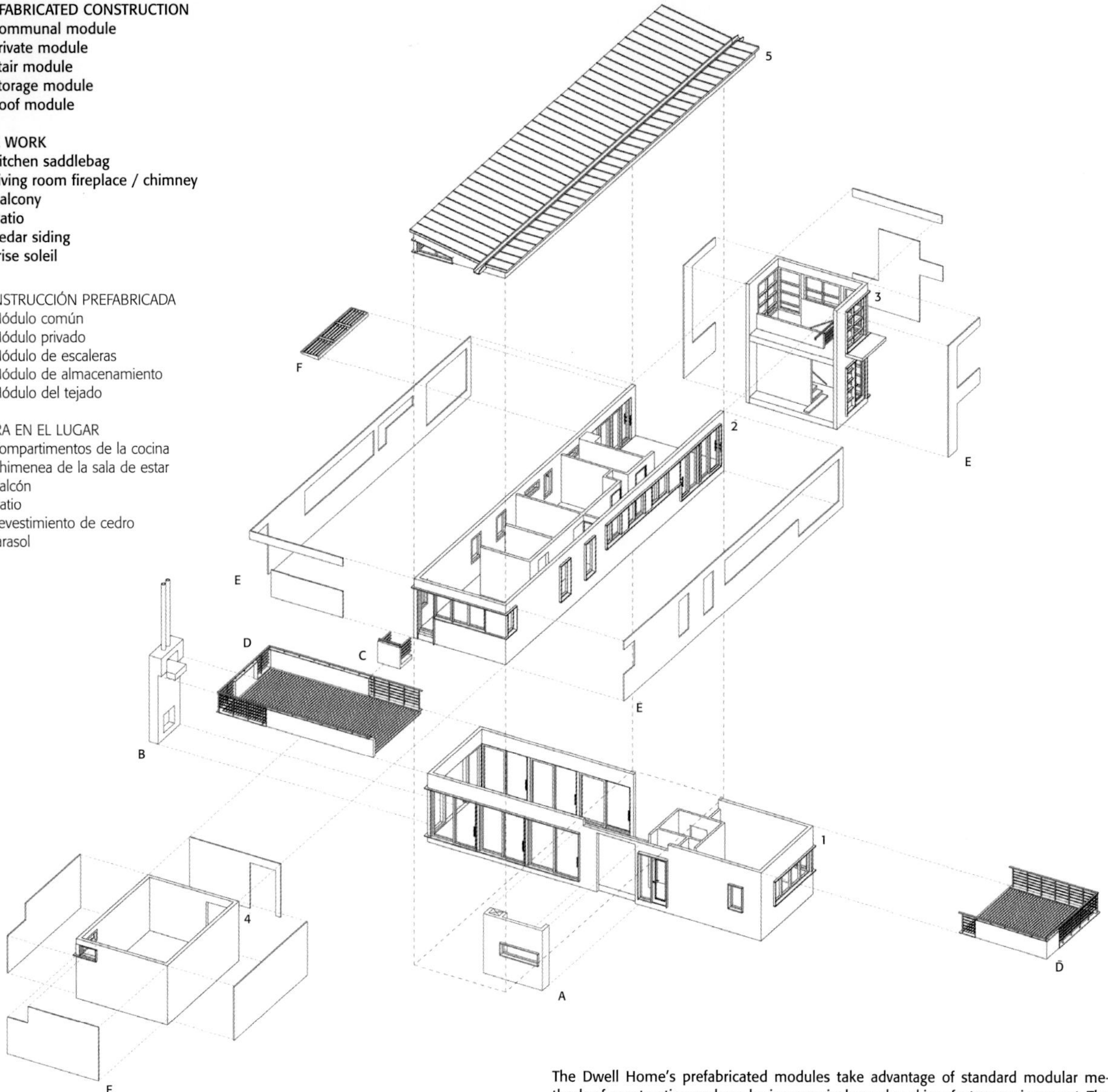

Axonometry _ Axonometría

The Dwell Home's prefabricated modules take advantage of standard modular methods of construction and can be inexpensively produced in a factory environment. The modules are trucked to site and craned onto a site-built concrete foundation which houses all mechanical systems. The house is finished with additional site construction of elements that are not practical or economical to produce using off-site construction.

Se aprovecharon los métodos de construcción modular estándar para los módulos prefabricados de la Dwell Home, ya que pueden producirse económicamente en una fábrica. Los módulos se transportaron al lugar en un camión y se colocaron mediante una grúa sobre los cimientos de hormigón que se construyeron en el sitio y que dispone de todos los sistemas mecánicos. La vivienda se terminó con elementos de construcción adicionales que no son prácticos o económicos de producir en una construcción fuera de obra.

1. Main entrance
2. Living
3. Dining
4. Kitchen
5. Bathroom
6. Office / bedroom
7. Deck
8. Covered packing
9. Parking
10. Storage

1. Entrada principal
2. Sala de estar
3. Comedor
4. Cocina
5. Lavabo
6. Estudio / dormitorio
7. Terraza
8. Garaje cubierto
9. Garaje
10. Almacén

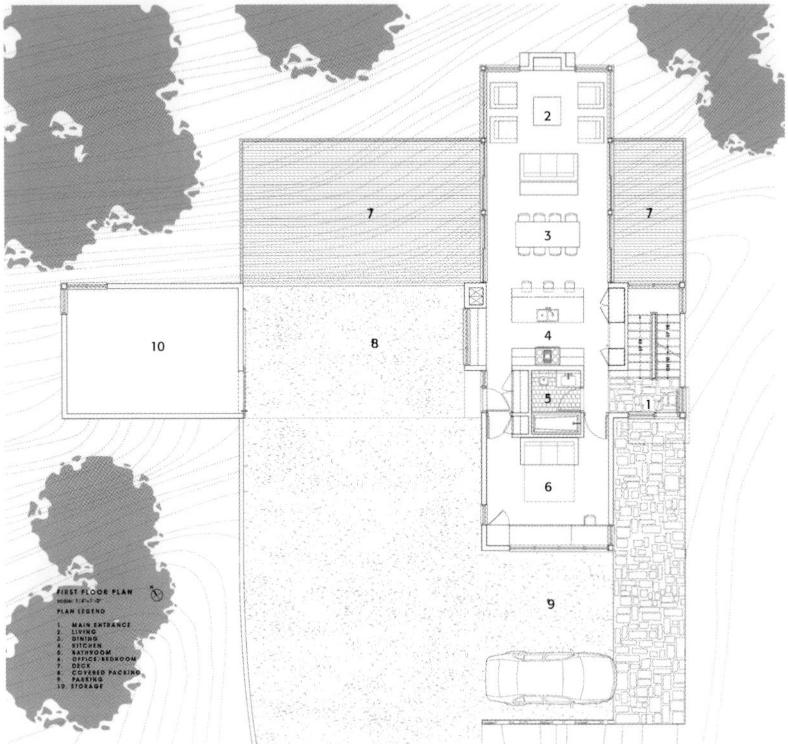

First floor _ Primera planta

1. Office
2. Bathroom
3. Bedroom
4. Master bath
5. Closet / dressing
6. Master bedroom
7. Terrace
8. Balcony

1. Estudio
2. Baño
3. Dormitorio
4. Baño principal
5. Armario / vestidor
6. Dormitorio principal
7. Terraza
8. Balcón

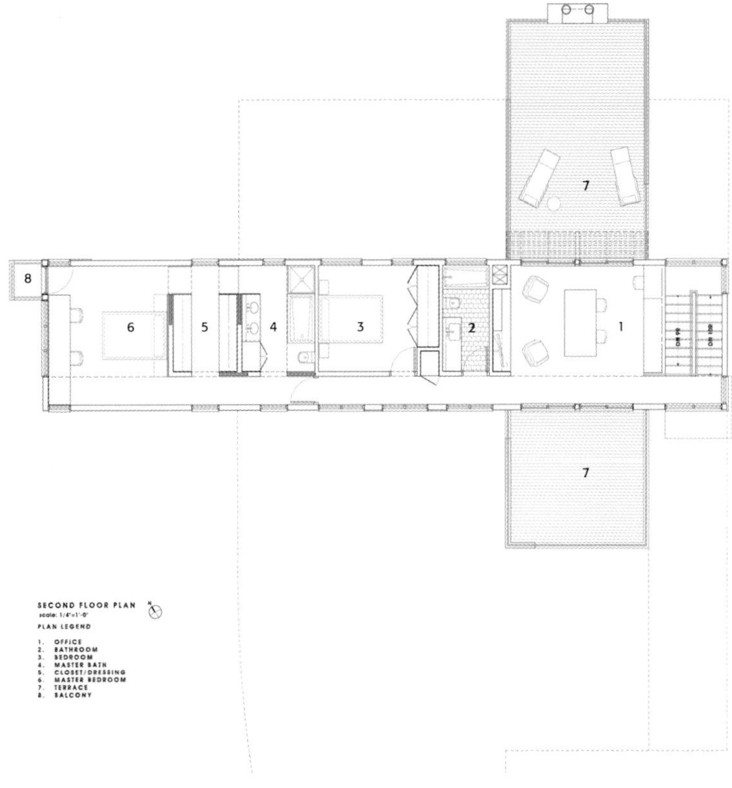

Second floor _ Segunda planta

Through the modes of prefabrication, the design of the home is able to respond exclusively to the location and immediate surroundings in terms of solar orientation and footprint, therefore maximizing the microclimates.

Mediante los modos de prefabricación, el diseño de la vivienda permite amoldarse de manera exclusiva a la ubicación y a su entorno más cercano, en lo que a orientación y huella solar se refiere, y, por lo tanto, favorece los microclimas.

Swingline

Resolution: 4 architecture. Joseph Tanney, Robert Luntz

Location: Wainscott, New York, USA
2007
Area: 422 m^2
Photos: RES4, Miko Almaleh, Francine Fleischer
www.re4a.com
www.rk-ld.com

Located on a wooded three-acre site in South Hampton, New York, The Swingline aka Zim-Wex is a 422m^2 year-round playhouse house for two women and their four kids who split time between their New York City brownstone and the Hamptons. With numerous bedrooms, a guest room, a media room with floor to ceiling windows, screened porches, decks, a pool house, amongst other amenities, the house was built to entertain and indulge its inhabitants.

Upon arrival, the families and their visitors are met by a large void cut out at one end of the house. Like a window into the future, the opening creates a framed view deep into the spacious rear space and its lush green setting. By creating such a unique passageway, the embarkation onto the site becomes as grand as the home's program. The 34m. long façade is covered in a singular texture of clear cedar intermitted by cement board and window punches. The internal effect is a gallery of light; in which even the illumination can be experienced from the rear space. The dual view of movement through the glass from both the interior and exterior playfully alludes to the conundrum of the 'observed and the observer'.

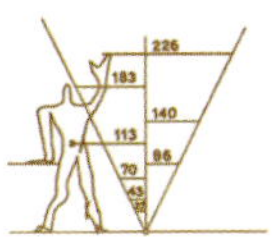

Ubicada en una arboleda de casi 1,3 hectáreas en South Hampton, Nueva York, la Swingline, también conocida como Zim-Wex, es una casa de 422 metros cuadrados destinada a la diversión durante todo el año para dos mujeres y sus cuatro hijos, que dividen su tiempo entre su casa de piedra rojiza de Nueva York y la de los Hamptons. Con muchos dormitorios, una habitación de invitados, una sala para ver la televisión con ventanales que van del suelo al techo, porches apantallados, terrazas, una piscina cubierta, entre otras comodidades, la casa se diseñó para entretener y satisfacer a sus habitantes.

A su llegada, las familias y sus visitas son recibidas por un gran hueco en uno de los extremos de la casa. Como si fuera una ventana al futuro, el orificio crea una vista que enmarca el amplio espacio trasero y su opulento escenario verde. Al crear un pasadizo tan especial, hace que embarcarse en el lugar sea algo tan grandioso como el programa de la casa. La fachada de 34 metros de largo está cubierta por una singular textura de cedro puro intermitida por un tablero de cemento y perforaciones para las ventanas. La sensación al estar dentro es la de una galería de luz, cuya iluminación puede experimentarse desde la parte trasera. La doble perspectiva del movimiento a través del cristal, tanto desde el interior como del exterior, alude, de manera divertida, al acertijo del "observado y el observador".

Typology: L Series / T Series.
Modules: 7 Boxes
Exterior Materials: T&G Cedar Siding, Cembonit Board Panels, Ipe Wood Decking.
Interior Materials: Maple Cabinets, Bamboo Floors, Slate Bathroom Floors, Black Steel, Caesarstone Countertops, Aluminum Clad Wood Windows with Low E, Insulated Glass.

Tipología: serie L / serie T.
Módulos: 7 cajas
Materiales para el exterior: revestimiento de cedro T&G, tablillas de Cembonit, tarima de madera de Ipé.
Materiales para el interior: armarios de madera de arce, suelos de bambú, suelo de pizarra para el baño, acero negro, encimeras de Caesarstone, ventanas de madera recubiertas de aluminio de baja emisividad, vidrio aislante.

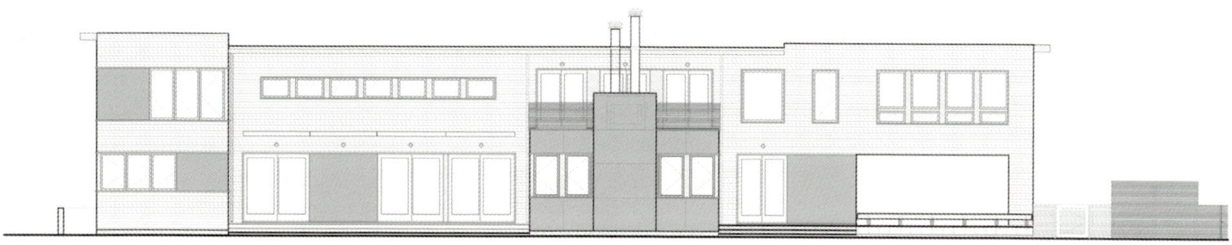

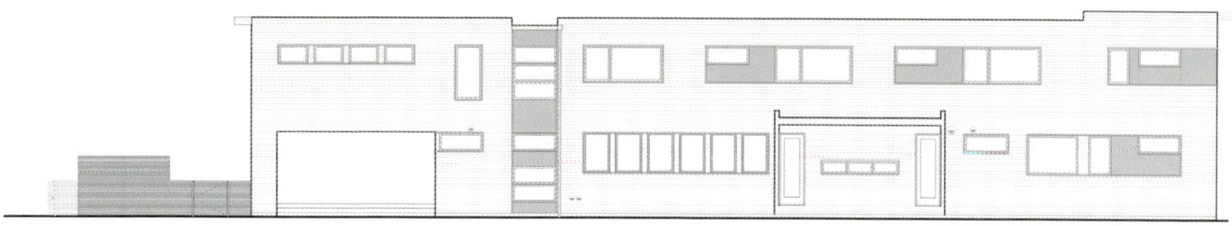

Long elevations _ Alzados de las fachadas

The safety of the children was placed as the premier imperative. Consequently, the bar constituting the mass of the house was placed parallel to the street, walling off the expansive recreational space and rear decks to the busy street. The result is a safe haven for the children to play, marked by five follies with an accompanying pool lifted above a stone plinth.

Lo primordial era la seguridad de los niños. Por consiguiente, la obstrucción que constituye la masa de la casa se colocó paralelamente a la calle, separando con un muro el extenso espacio recreativo y las terrazas traseras de la bulliciosa calle. El resultado es un refugio seguro para que jueguen los niños, marcado por cinco caprichos arquitectónicos junto con una piscina elevada sobre un plinto de piedra.

1. Media room
2. Office
3. Bedroom
4. Bath
5. Bedroom
6. Bath
7. Bedroom
8. Master bedroom
9. Master wardrobe
10. Master bath
11. Roof deck

1. Sala para la televisión
2. Estudio
3. Dormitorio
4. Baño
5. Dormitorio
6. Baño
7. Dormitorio
8. Dormitorio principal
9. Vestidor principal
10. Baño principal
11. Azotea

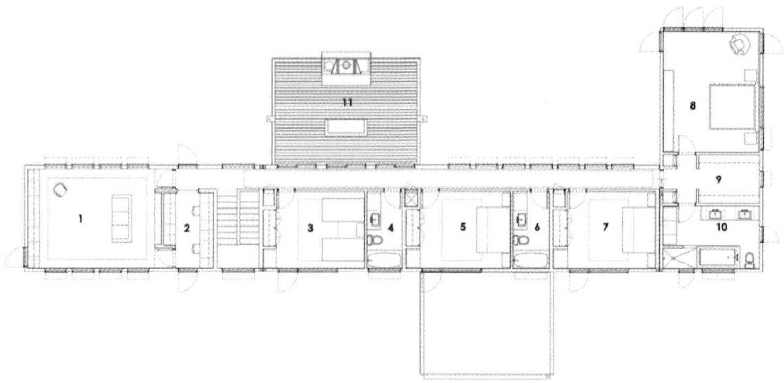

Second floor _ Planta segunda

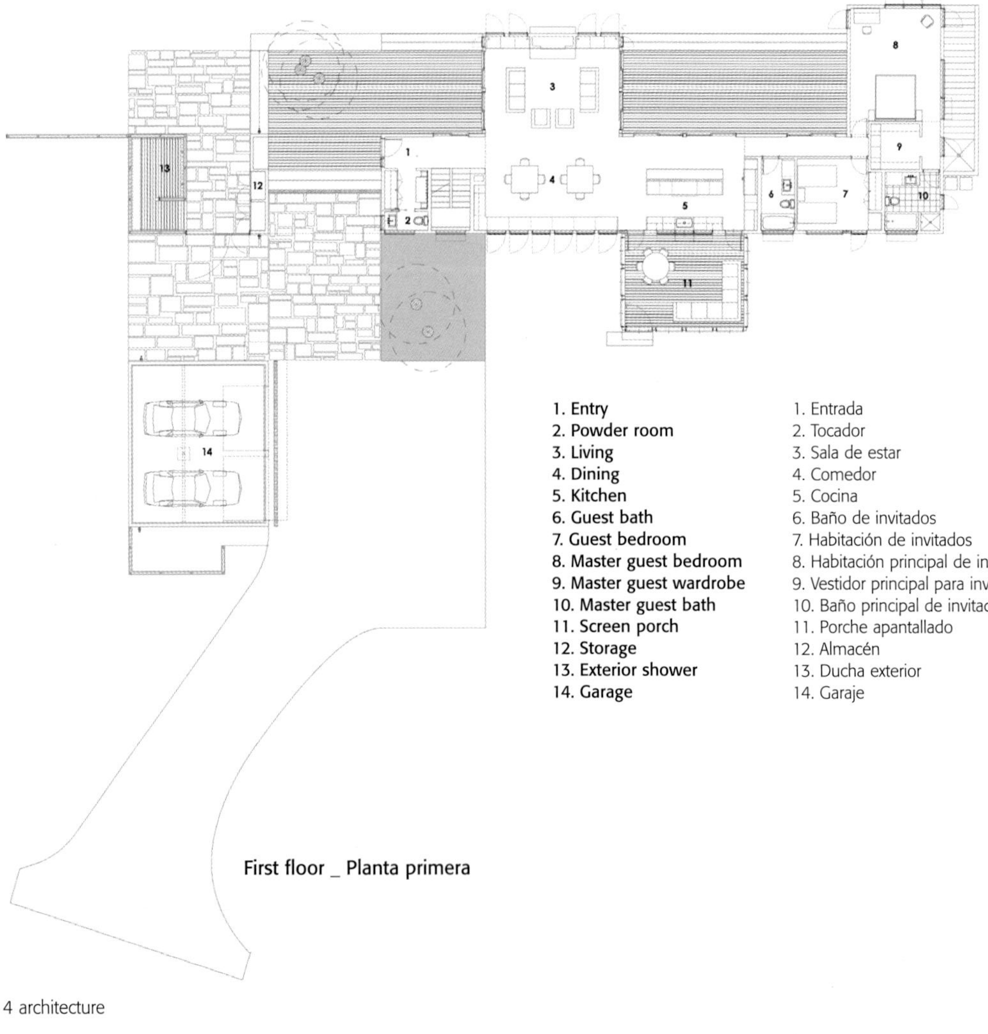

1. Entry
2. Powder room
3. Living
4. Dining
5. Kitchen
6. Guest bath
7. Guest bedroom
8. Master guest bedroom
9. Master guest wardrobe
10. Master guest bath
11. Screen porch
12. Storage
13. Exterior shower
14. Garage

1. Entrada
2. Tocador
3. Sala de estar
4. Comedor
5. Cocina
6. Baño de invitados
7. Habitación de invitados
8. Habitación principal de invitados
9. Vestidor principal para invitados
10. Baño principal de invitados
11. Porche apantallado
12. Almacén
13. Ducha exterior
14. Garaje

First floor _ Planta primera

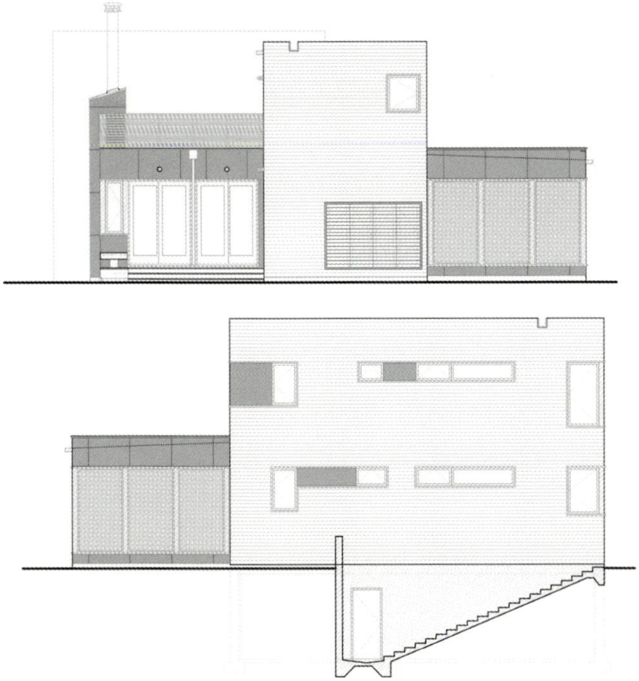

Elevations _ Alzados

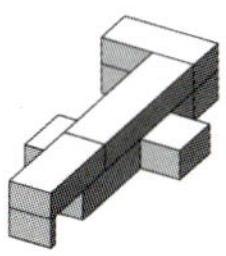

Swingline typology _ Tipología de Swingline

Modules of implementation: set process _ Módulos de implementación: proceso fijado

BARRICADE

BARRICADE

Berkshire House

Resolution: 4 architecture. Joseph Tanney, Robert Luntz

Location: Palenville, New York, USA
2007
Area: 207 m^2
Photos: RES4
www.re4a.com

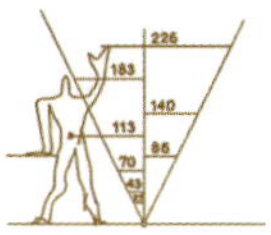

Typology: L Series.
Modules: 6 Boxes & Butterfly Roof
Exterior Materials: Cedar Siding, Cement Board Panels, Galvalume Metal Roof, Ipe Wood Decking.
Interior Materials: Bamboo Flooring, Caesar Stone Countertops, Slate Bathroom Floors, Cherry Cabinets, Aluminum Clad Wood Windows with Low E, Insulated Glass, Hot Rolled Black Steel Cladding.

Tipología: serie L.
Módulos: 6 cajas y una cubierta en v
Materiales para el exterior: revestimiento de cedro, tablillas de cemento, tejado metálico de Galvalume, tarima de madera de Ipé.
Materiales para el interior: suelo de bambú, encimeras de Caesarstone, suelos de pizarra para el baño, armarios de madera de cerezo, ventanas de madera recubiertas de aluminio de baja emisividad, vidrio aislante, revestimiento de acero negro laminado al calor.

Based on RESOLUTION: 4 ARCHITECTURE's systematic design methodology of The Modern Modular, each RES4 PREFAB designed is modified and engineered specifically for each client, site, code requirement, budget, and any other constraints or conditions that may exist. Each project we create is unique, yet maintains the values of prefabrication using a stock set of components based on a standard set of design principles. The Modern Modular was conceived as a study in how modern home design can be transformed to take advantage of the economical, environmental, and structural benefits of standard, proven modular construction techniques. Advances in home construction technology have transformed the way in which houses are made, through factory assembly-derived construction techniques. The design of houses, however, has not changed significantly to take advantage of the possibilities of prefabrication and modular construction. Through a keen understanding of the central role that the American house plays in daily life, Modern Modular seeks to allow the home building industry to meet the needs and desires of homeowners of the 21st century. To continually transform and harness innovative green practices, RESOLUTION: 4 ARCHITECTURE is currently working on several RES4 PREFABS that utilize alternative energy sources such as photovoltaic solar panels. By integrating this measure, their homes can achieve net metering and channel the benefits of geothermal processes, where the Earth's thermal mass can be used to heat and cool the interior spaces.

Basado en la metodología del diseño sistemático de Resolution: 4 Architecture del Modern Modular, cada diseño de la RES4 Prefab se modifica y produce específicamente para cada cliente, lugar, código requerido, presupuesto y cualquier otra restricción o condición que pueda existir. Cada proyecto que creamos es único, aunque mantiene los valores de prefabricación al emplear un conjunto de componentes estándar basados en una serie de estándares de principios del diseño. La Modern Modular fue concebida como un estudio sobre cómo el diseño de una vivienda moderna puede transformarse para sacar provecho de los beneficios económicos, medioambientales y estructurales, y las técnicas de construcción modular comprobadas. Los avances en la tecnología de la construcción de viviendas han cambiado la manera de hacer las casas mediante técnicas de construcción derivadas del montaje en fábrica. Sin embargo, el diseño no ha cambiado considerablemente para aprovecharse de las posibilidades de la prefabricación y la construcción modular. Mediante una profunda comprensión del papel central que juega la casa americana en la vida diaria, Modern Modular pretende permitir a la industria de la construcción de viviendas satisfacer las necesidades y los deseos de los propietarios del siglo XXI. Con el fin de transformar constantemente y aprovechar las innovadoras prácticas ecológicas, Resolution: 4 Architecture actualmente está trabajando en diversas RES4 Prefabs que emplean recursos energéticos alternativos, como paneles solares fotovoltaicos. Al integrar esta medida, las casas podrán lograr una medición neta y canalizar los beneficios de los procesos geotermales, donde se podrá utilizar la masa termal terrestre para calentar o refrescar los espacios interiores.

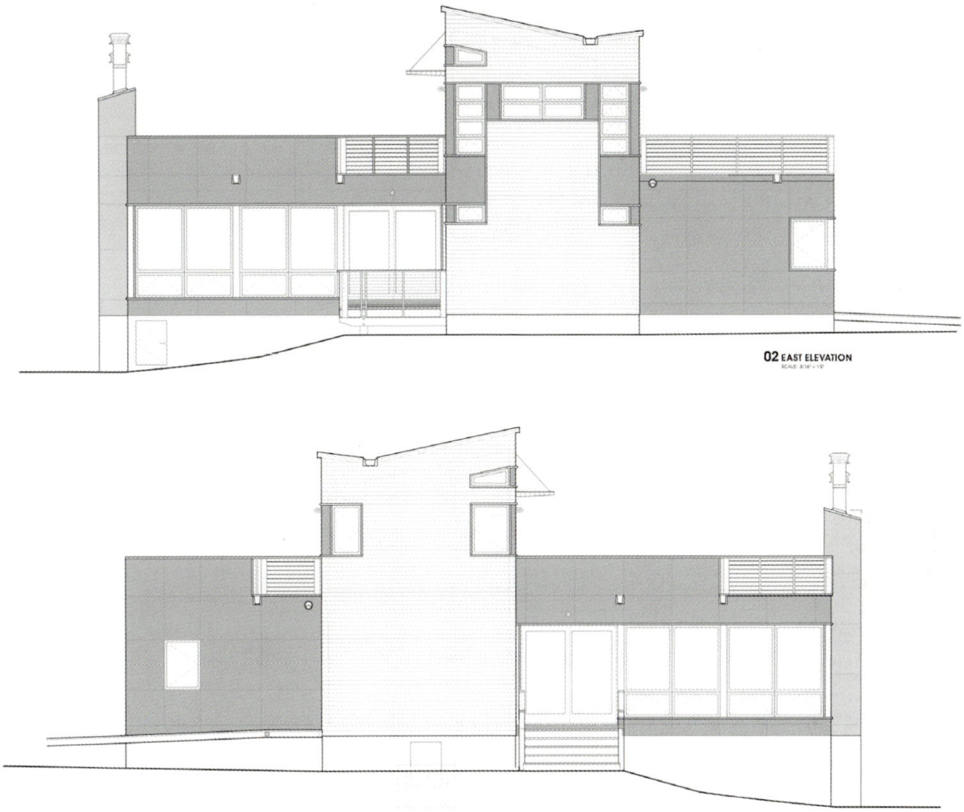

Elevations _ Alzados

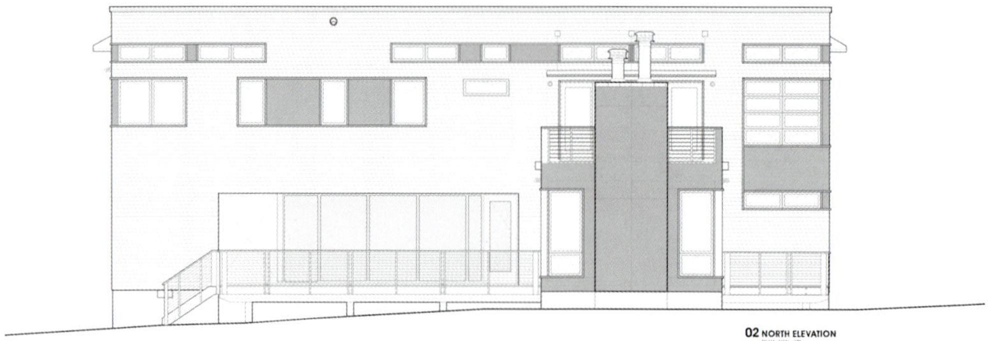

02 NORTH ELEVATION

Elevations _ Alzados

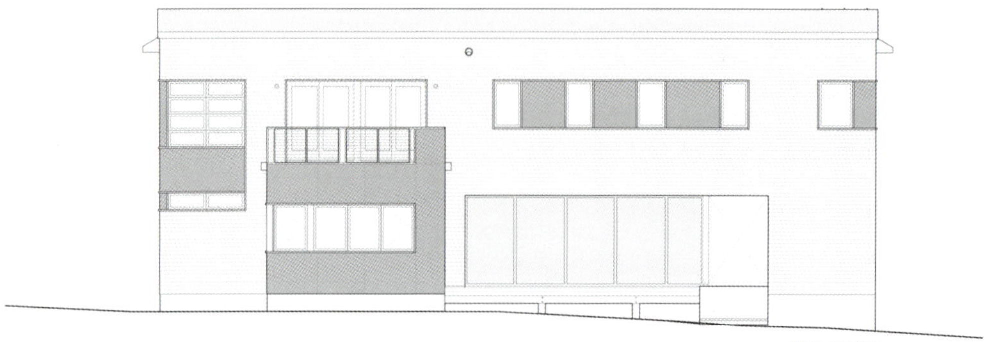

01 SOUTH ELEVATION

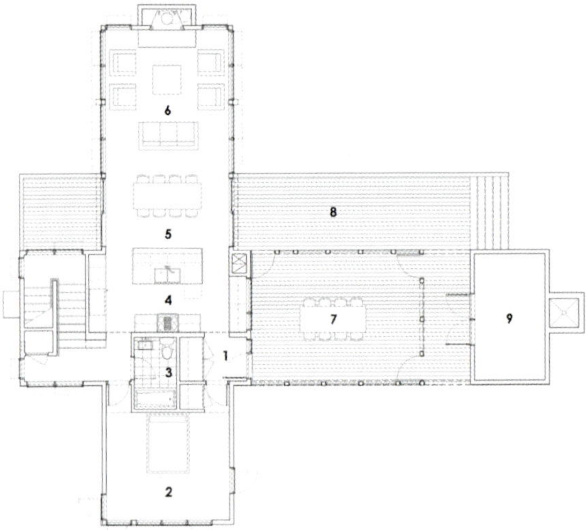

First floor _ Planta primera

1. **Entry** — 1. Entrada
2. **Bedroom** — 2. Dormitorio
3. **Bath** — 3. Baño
4. **Kitchen** — 4. Cocina
5. **Dining** — 5. Comedor
6. **Living** — 6. Sala de estar
7. **Screen porch** — 7. Porche apantallado
8. **Deck** — 8. Terraza
9. **Storage** — 9. Almacén

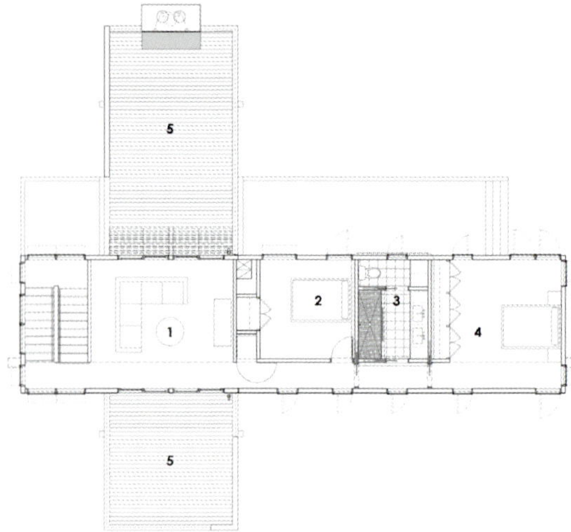

Second floor _ Planta segunda

1. **Media room** — 1. Sala para la televisión
2. **Bedroom** — 2. Dormitorio
3. **Bath** — 3. Baño
4. **Berdoom** — 4. Dormitorio
5. **Roof deck** — 5. Azotea

Berkshire House is a modification of the 2-Bar Bridge, L Series typology; the Berkshire House is a further development of the original concept for the Dwell Home, the first fully designed prototype of an economical prefabricated Modern Modular home, designed by Resolution: 4 Architecture.

La Berkshire House es una modificación del 2-Bar Bridge, que pertenece a la tipología de serie L. Esta vivienda es una evolución del concepto original de la Dwell Home, el primer prototipo completamente diseñado de una casa Modern Modular prefabricada económicamente y creada por Resolution: 4 Architecture.

Tyvek

Green roofs have also been introduced into many RES4 PREFABs. These roofs significantly decrease the amount of storm-water run-off, building energy requirements, air and noise pollution, provide for useable outdoor patio spaces, and give way to a longer lasting roof system.

También se han usado tejados ecológicos que disminuyen significativamente la escorrentía de agua de lluvia, los requisitos energéticos del edificio y la contaminación del aire y acústica; proporcionan espacios exteriores utilizables; y aportan un sistema de tejado de mayor duración.

Bronx Box

Resolution: 04 architecture. Joseph Tanney, Robert Luntz

Location: Bronx, New York City, USA
2008
Area: 170 m²
Photos: RES4, Laurie Lambrecht
www.re4a.com

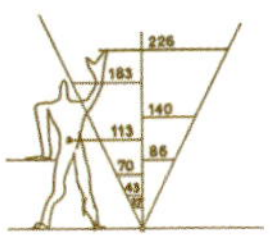

This prefabricated modern urban infill project aims to celebrate the constraints of its zoning envelope. The site's set backs, height limitations, and flood plain requirements yield a compact footprint, off-street parking, roof deck and a small patch of green. The Bronx Box is a modified version of the double-decker, 2-story bar typology with an additional utility 'saddle bag'. The side bag provides for additional storage along the length of the house. This urban waterfront house on Eastchester Bay is located at the foot of the Throgs Neck Bridge. The house is clad in cement board with Ipe wood decks to keep maintenance issues at a minimum and to reflect similar colours and textures of the neighbourhood. The personality of the house reflects the individualization of the surrounding urban fabric. The Bronx Box takes advantage of the efficiencies of off-site construction, holds itself to LEED for Homes standards and has been accepted as another unique personality in its Bronx neighbourhood.
The Single Bar Series provides the most economical and efficient solution within the Modern Modular line of prefabricated homes. Within a compact single unit, the home contains two well-sized bedrooms with ample storage space. Through use of an inverted pitched roof, the bar opens to its surroundings, providing natural light throughout the house. Perfect for a weekend or vacation home, the single bar maintains a perfect balance between amenities and economical use of space.

Este proyecto de relleno urbano moderno prefabricado pretende resaltar las restricciones de las envolturas admitidas en la zona. Los contratiempos del lugar, las limitaciones de altura y las condiciones del terreno inundable dan lugar a una huella compacta, un aparcamiento fuera de la vía pública, una plataforma de techo y una pequeña parcela verde. La Bronx Box es una versión modificada de la construcción de dos pisos de la tipología 2-story bar (módulos de dos pisos) con la utilidad añadida de los "compartimentos". La sección lateral proporciona un almacenaje adicional a lo largo de toda la casa. Esta vivienda de estilo urbano situada a orillas del estrecho de Eastchester Bay está ubicada a los pies del puente Throgs Neck. La vivienda está revestida con tablones de cemento y madera de Ipé para reducir al mínimo el mantenimiento y reflejar de una manera similar los colores y texturas del vecindario. La personalidad de la casa muestra la individualización de la estructura urbana que la rodea. La Bronx Box saca provecho de la eficacia de la construcción fuera de obra, respeta el sistema de certificación LEED (Liderazgo en Diseño de Energía y Medio Ambiente) de viviendas y ha sido aceptada como otra figura única en su vecindario del Bronx.
La serie Single Bar (un módulo) ofrece la solución más económica y eficaz dentro de la línea Modern Modular de casas prefabricadas. Con una unidad individual compacta, la vivienda contiene dos dormitorios de buen tamaño con amplios espacios de almacenamiento. Mediante un tejado a dos aguas invertido, el módulo se abre al entorno, proporcionando luz natural por toda la casa. Perfecta para los fines de semana o las vacaciones, el módulo mantiene un equilibrio perfecto entre las comodidades y el uso económico del espacio.

Typology: Single Bar Series.
Modules: 2 Boxes, Panelised Saddlebag & Stair Bulkhead
Exterior Materials: Galvalume Metal Roof, Cement Board, Cedar Siding, Ipe Wood Decking
Interior Materials: Maple Cabinets, Bamboo Floors, Slate Bathroom Floors, Caesarstone Countertops

Tipología: serie Single Bar.
Módulos: 2 cajas, compartimentos hechos con marcos de paneles y mamparo de escalera.
Materiales para el exterior: tejado metalizado de Galvalume, panel de cemento, revestimiento de cedro, tarima de madera de Ipé.
Materiales para el interior: armarios de madera de arce, suelos de bambú, suelo de pizarra para el baño, encimeras de Caesarstone.

3272

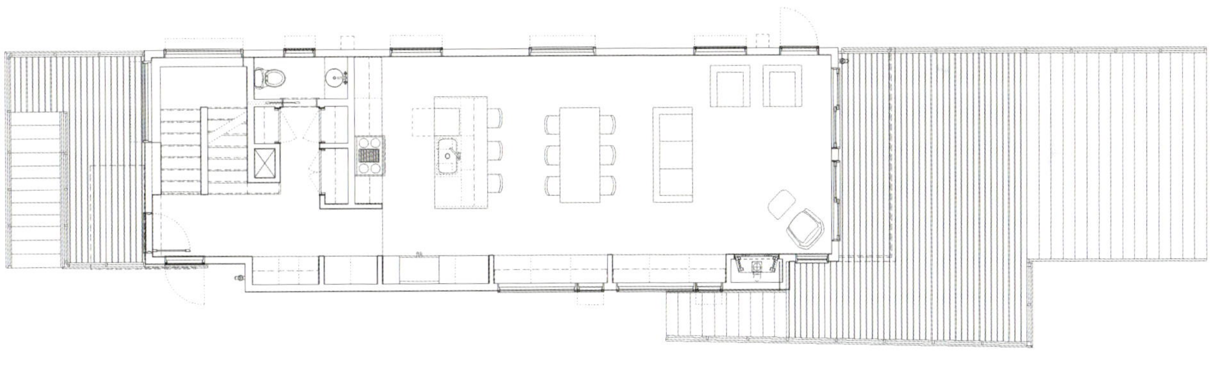

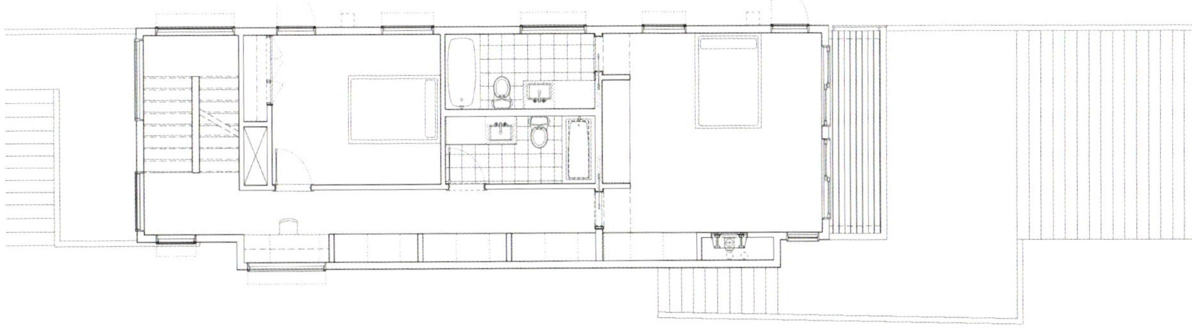

Floor plans _ Plantas

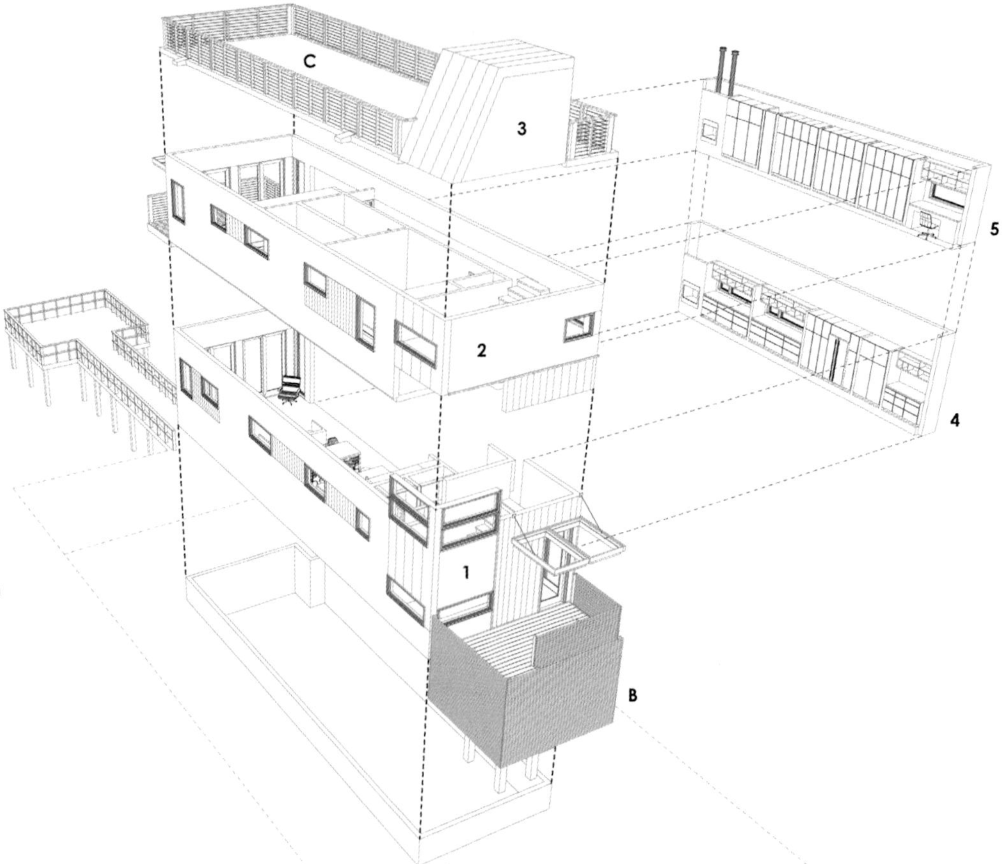

Prefabricated construction
1. Communal module
2. Private module
3. Stair bulkhead
4. Kitchen saddlebag
5. Storage saddlebag

Site work
A Foundation
B Front deck/Porch
C Roof deck

Construcción prefabricada
1. Módulo común
2. Módulo privado
3. Mamparo de escalera
4. Compartimento de cocina
5. Compartimento para almacenamiento

Obra en el lugar
A Cimientos
B Terraza frontal / porche
C Azotea

Axonometry _ Axonometría

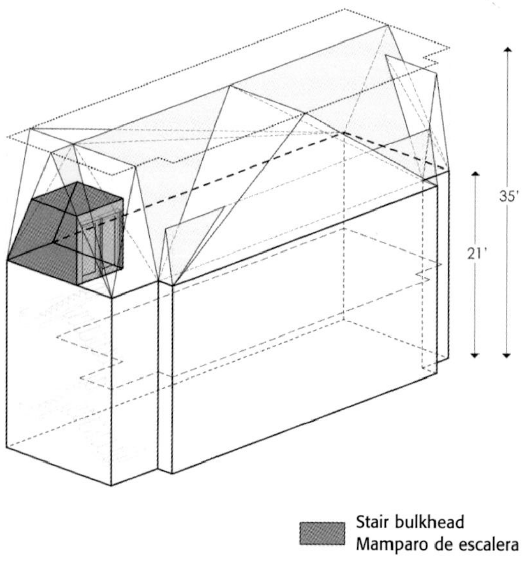

Allowable building envelope _ Envoltura del edificio permisible

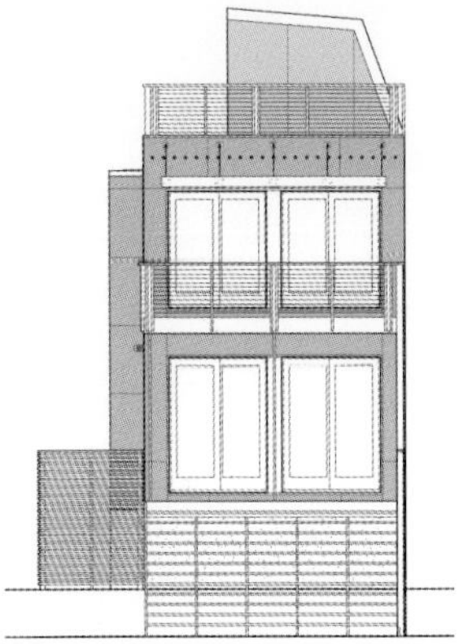

West elevation _ Alzado oeste

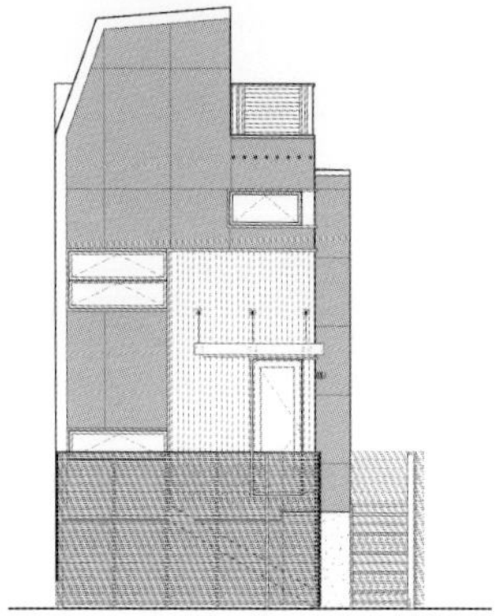

East elevation _ Alzado este

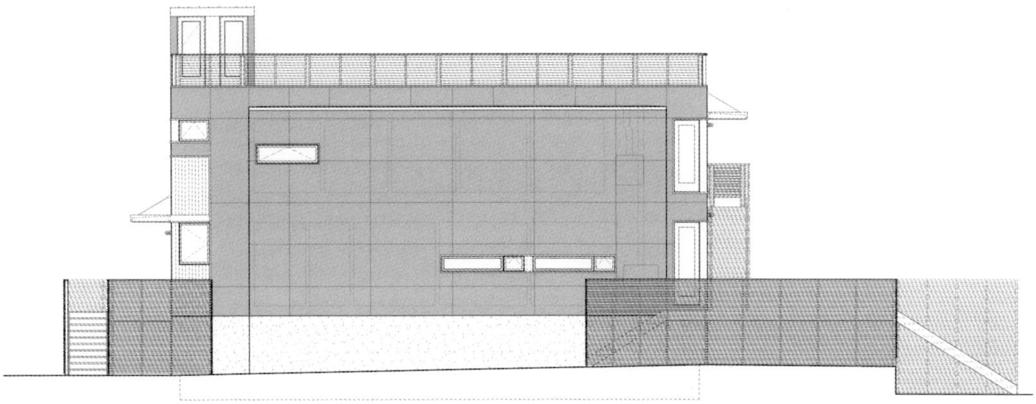

South elevation _ Alzado sur

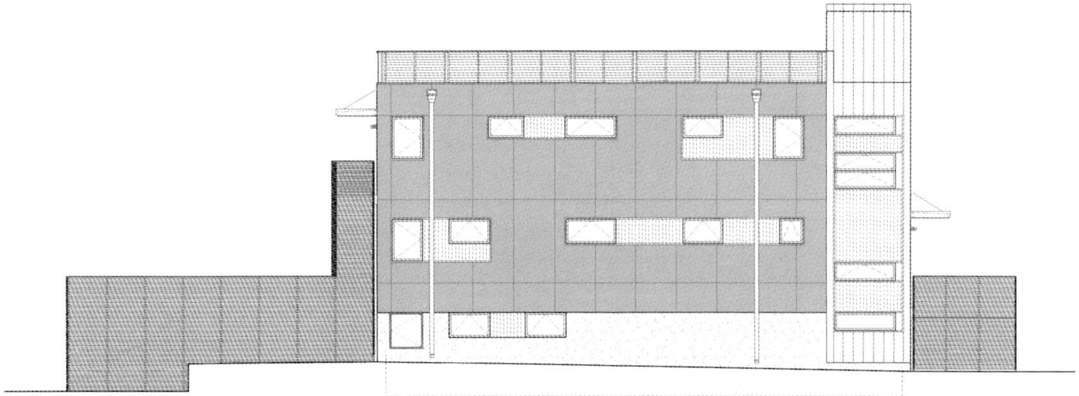

North elevation _ Alzado norte

Vermont Cabin

Resolution: 4 architecture. Joseph Tanney, Robert Luntz

Location: Jamaica, Vermont, USA
2009
Area: 153 m²
Photos: RES4
www.re4a.com

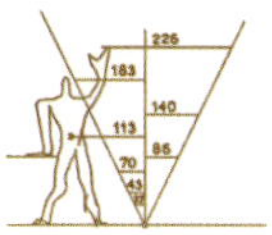

Set alone in a clearing in the woods in the Green Mountain National Forest of Vermont, this 150 m² prefab home is the place where a retired couple from Brooklyn escapes. With no telephones or cell phone service, this 'Off-the-Grid' home functions as the perfect gathering space for the clients and their 3 grown children and grandchildren to get-away and spend some quality time together.

An avid mushroom hunter and connoisseur, the client often transverses the 200 acre property for her delicacy, then returning to her home which rests on the top of the mini-mountain. With stunning views of nearby Stratton Mountain Ski Resort, the home is a 'Head & Tail' design, where the communal space is the 'head', and the private bar of bedrooms and baths forms the longer 'tail'. Together they form an 'L', creating an outdoor terrace to capture the western sun and to enjoy the exterior fireplace which is clad in cement board, and radiates heat during the cool summer evenings. Just inside, is the expansive kitchen, living, and dining areas, perfect for preparing delectable meals for their guests. This communal space is wrapped with a Baltic Birch bookshelf as window bench so one can soak up the south sun and view the fern meadow & surrounding wilderness. With bamboo floors over radiant heating, and a wood-burning fireplace, the living area is as calm as can be. The exterior is clad in a maintenance-free corrugated *Cor-ten* metal panel system to withstand the harsh Vermont winters. Accents of cedar siding tie the strategically placed windows together.

Situada en una zona aislada en el claro de un bosque, en el parque nacional Green Mountain National Forest de Vermont, esta casa prefabricada de 150 m² es el lugar adonde escapa una pareja de jubilados de Brooklyn. Sin teléfonos ni línea telefónica, esta vivienda «autónoma» se convierte en un lugar perfecto donde los clientes se reúnen y para que sus tres hijos mayores y sus nietos puedan escaparse y pasar un maravilloso tiempo juntos.

Conocedora y ávida cazadora de setas, la clienta suele recorrerse la propiedad de 81 hectáreas para su deleite y, después, vuelve a su hogar ubicado en la cima de la pequeña montaña. Con vistas abrumadoras al cercano complejo de esquí Stratton Mountain, la vivienda es un diseño de «cara o cruz», donde la zona común es la «cara» y la sección privada que contiene los dormitorios y los baños es la «cruz». Unidas forman una «L», creando una terraza descubierta para captar el sol del oeste y disfrutar de la chimenea exterior revestida con placas de cemento que irradia calor en las frías noches de verano. En el interior se encuentran las extensas zonas de la cocina, la sala de estar y el comedor, perfectas para preparar deliciosas comidas a los invitados. Este espacio común está envuelto por un estante de abedul báltico que hace de banco, situado junto a la ventana para que uno pueda absorber el sol del sur y observar el prado de helechos y los montes de alrededor. Con suelos de bambú que cubren la calefacción por radiación y una chimenea de leña, la sala de estar no puede ser más relajante. El exterior está revestido con un sistema de paneles de acero corten corrugado que no necesita mantenimiento, para resistir los duros inviernos de Vermont. El decorativo revestimiento de cedro mantiene unidas las ventanas dispuestas de manera estratégica.

Typology: T Series. **Modules:** 5 Boxes
Exterior Materials: Corrugated Metal Siding, Cedar Siding, Ipe Wood Decking, Cement Board Panels.
Interior Materials: Bamboo Flooring, Ceasarstone Countertops, Slate Bathroom Floors, Maple Cabinets, Aluminium Clad Wood Windows with Low E, Insulated Glass, Black Steel, Custom Baltic Birch Bench.

Tipología: serie T. **Módulos:** 5 cajas
Materiales para el exterior: revestimiento de metal corrugado, revestimiento de cedro, entarimado de madera de Ipé, placas de cemento.
Materiales para el interior: suelo de bambú, encimeras de Ceasarstone, suelos de pizarra para los baños, armarios de madera de arce, ventanas de madera recubiertas de aluminio de baja emisividad, vidrio aislante, acero negro, banco a medida de abedul báltico.

1. Entry
2. Laundry
3. Kitchen
4. Dining
5. Living
6. Media room
7. Bath
8. Bedroom
9. Master bath
10. Master bedroom

1. Entrada
2. Lavandero
3. Cocina
4. Comedor
5. Sala de estar
6. Sala para la televisión
7. Baño
8. Dormitorio
9. Baño principal
10. Dormitorio principal

First floor plan _ Primer piso

The home is powered by a 3,000 KwH solar array with a back-up generator and below grade propane tank just in case the sun is non-existent for an extended period of time. A 'Flash-and-Batt' insulation system, combining both a closed cell spray foam insulation and batt insulation, along with radiant floor heat ensures the home stays airtight and warm in the winter.

La casa se alimenta con paneles solares de 3000 kWh con un generador suplementario y un tanque de propano de bajo grado por si no hubiera sol durante un largo periodo de tiempo. El sistema de aislamiento «flash-and-batt», una combinación de aislamiento con espuma pulverizada de células cerradas y aislamiento en bloque de fibra, y la calefacción por radiación garantizan que la casa permanezca hermética y caliente en invierno.

Casa Santa Comba

A-cero. Joaquin Torres architects

Location: Pozuelo de Alarcón, Madrid, Spain
2010
Area: 110 m²
Cost: 75,000 €
Photos: A-cero
www.a-cero.com

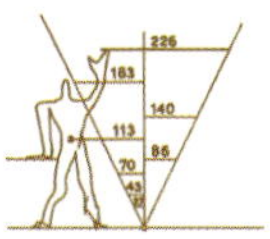

In industrialised construction, the same standardisation, modularity, technology, quality control and timing procedures are applied as for many other fields of human activity. The most obvious example is automobile production that has been around for over one hundred years, thanks to the introduction of Henry Ford's production line method. The advantages of industrialised construction, such as workshop construction and assembly on site, short timeframes and specialised labour, improve the quality and cost of the end product, and are therefore not comparable with traditional construction. At the same time, this system demands a greater control during the initial design stages, given that absolutely everything must be designed and controlled beforehand, leaving no room for improvisation. As part of this commitment to Industrialised Construction, and by carefully studying the distribution and habitable spaces, two housing models were initially designed, with two or three bedrooms, at a significantly reduced cost and end price. The buildings are equipped with A-cero standard design furniture created exclusively for this housing line, in keeping with a functional and modern aesthetic, using clean lines and fully capitalising on the available space. A-cero can also deliver a fully equipped and decorated house, in much the same way a client would take delivery of a new boat.

En la construcción industrializada se aplican los mismos procedimientos de estandarización, modularidad, tecnología, control de calidad y tiempos que se puedan aplicar a otros muchos campos de la actividad humana, siendo el ejemplo más evidente la producción de automóviles, que cuenta con más de cien años desde los planteamientos de producción en cadena del americano Henry Ford. Las ventajas de la misma, con producción en taller y montaje en obra, tiempos más cortos y mano de obra más especializada, incrementan los resultados en cuanto a calidad y precio del producto final y por lo tanto no son comparables con la construcción tradicional. Al mismo tiempo, este sistema exige un mayor control de las fases iniciales de diseño, dado que absolutamente todo debe ser diseñado y controlado de antemano, no existiendo lugar a la improvisación.
En esta apuesta por la Construcción Industrializada, inicialmente se han desarrollado dos modelos de vivienda con dos y tres dormitorios con un coste y precio final muy ajustado, realizando para ello un cuidado estudio de la distribución y de los espacios habitables. La edificación se presenta con el mobiliario estándar diseñado por A-cero en exclusiva para esta línea de viviendas, de acuerdo a una estética funcional y actual basada en el máximo aprovechamiento del espacio y la limpieza de líneas. A-cero ofrece igualmente la posibilidad de disponer de dichas viviendas totalmente decoradas y equipadas, del mismo modo que se recibe un barco.

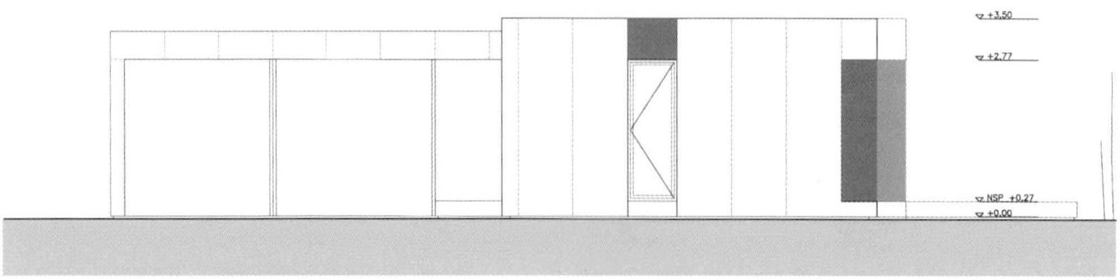

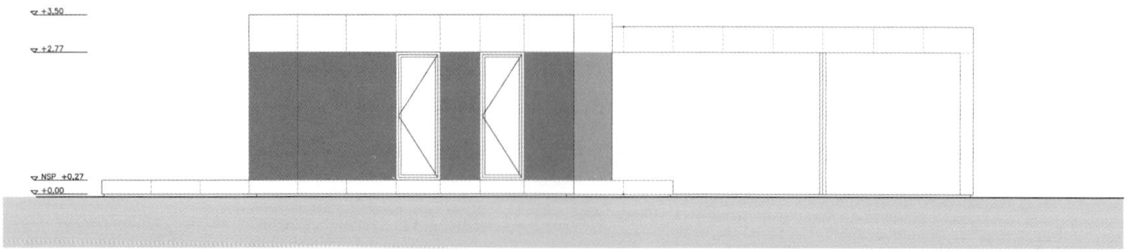

Elevations _ Alzados

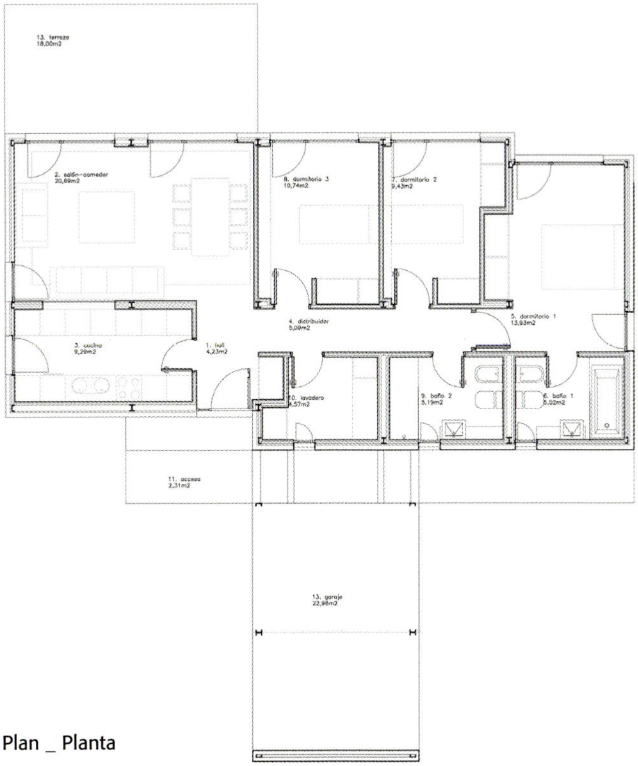
13. terraza
18,00m2
2. salón-comedor
20,69m2
8. dormitorio 3
10,74m2
7. dormitorio 2
9,43m2
4. distribuidor
5,09m2
5. dormitorio 1
13,93m2
3. cocina
9,29m2
1. hall
4,23m2
10. lavadero
4,57m2
9. baño 2
5,19m2
6. baño 1
5,02m2
11. acceso
2,31m2
13. garaje
22,96m2

Plan _ Planta

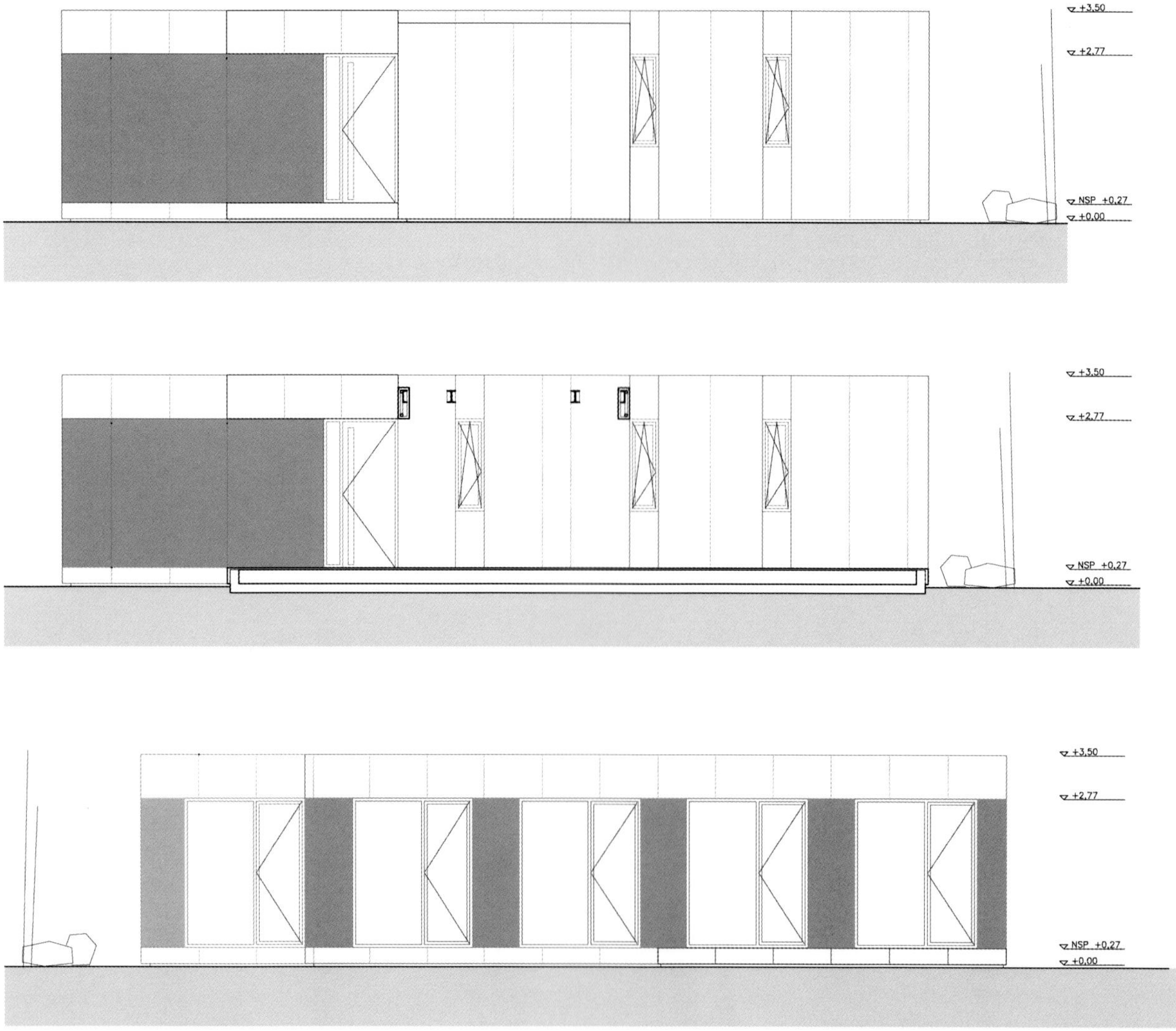

Elevations _ Alzados

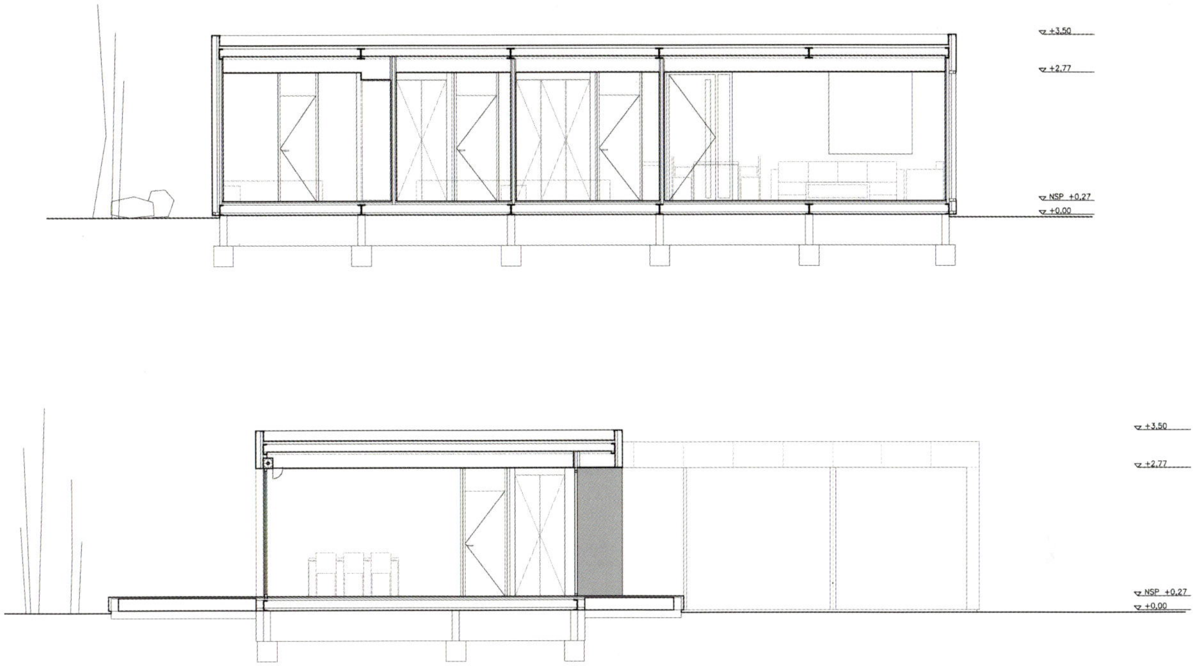

Sections _ Secciones

Structurally, a modular house comprises a metal column and tubular beam structure with composite slabs made from corrugated sheet metal and reinforced concrete for the roof as well as the slabs on the lower floor. The facade is made of 40mm thick steel sandwich panelling with a 40kg/m^3 polyurethane core and a 46mm vertical pillar with a layer of rock wool and a 15+15 mm double plasterboard insulation. The non-trafficable flat roof is finished with a layer of white gravel.

Estructuralmente, la vivienda modular está conformada por una estructura metálica de pilares y vigas tubulares con forjados mixtos colaborantes de chapa grecada y hormigón armado tanto para la cubierta como para el forjado de planta baja. La fachada está formada por panel sándwich de acero de 40mm. de espesor con alma de poliuretano de densidad 40kg/m^3, montante vertical de 46mm. con una capa de aislamiento de lana de roca y doble placa de cartón-yeso de 15+15 mm. La cubierta plana no transitable está acabada con una capa de grava blanca.

Family Tomb in the Açor Mountains

Pedro Dias

Location: Monte Frio, Arganil, Portugal
2009
Construction area: 12,9 m^2
Cost: 12,000 €
Photos: Pedro Dias
www.pedrodias-arquitecto.blogspot.com

The Pedro Dias concept behind this small, rather unusual but challenging project was the creation of a simple, restrained and minimalistic architectural object that, apart from containing the basic program presented by the client (capacity for 8 coffins), playing in a dignified way its role as a "tribute to the memory" and integrating itself in the cemetery, would interact directly with the impressive surrounding mountain landscape (without blocking its view), by literally framing it, in order to use the moment of its quiet contemplation as a "transmission vehicle" for transcendental communication between the "living" and "missing" ones, a sepulchral void.
In the approach to this concept two specific moments of the tomb use where taking into account: during the funeral ceremony, how would this ritual take place and how would a coffin be handled, in other words, how would the "farewell" take place? And during a sporadic visit of a family member or a friend to the site, how to create the ideal conditions for a comfortable spiritual recollection? The result was the design in the interior of the tomb of an open space, accessible to all, equipped with a bench, which serves both as such as well as a surface for placing the coffin during the mentioned funeral ritual. Ultimately, the creation of a contemplative "spatial void", which fulfills the "emotional void" caused by a feeling of loss that can be briefly translated into this abstract concept of "Sepulchral Void".

El concepto de Pedro Dias que hay detrás de este pequeño proyecto, bastante atípico pero que supone todo un desafío, era crear un objeto arquitectónico sencillo, sobrio y minimalista que, aparte de contener el programa básico que pedía el cliente (capacidad para ocho ataúdes), jugando elegantemente su papel de "homenaje a la memoria" e integrándose en el cementerio, interactuara directamente con el impresionante paisaje montañoso que le rodea, no obstruyendo su vista sino enmarcándola directamente, con el fin de utilizar el momento de reflexión como un "vehículo de transmisión" para la comunicación trascendental entre los "vivos" y los "ausentes", como un vacío sepulcral.
Al plantearse el concepto, se tuvieron en cuenta dos momentos específicos del uso de la tumba: durante la ceremonia del funeral, ¿qué rito se seguiría y cómo se llevaría el ataúd? En otras palabras, ¿cómo sería la despedida?; y, durante una visita esporádica de un miembro de la familia o un amigo, ¿cómo crear unas condiciones ideales para un recuerdo espiritual agradable? El resultado fue el diseño de un espacio abierto en el interior de la tumba, accesible a todo el mundo y equipado con un banco, que tendría la doble función de banco y de superficie en la que se colocaría el ataúd durante el mencionado rito funerario. Finalmente, se creó un "vacío espacial" contemplativo que rellena el "vacío emocional" causado por el sentimiento de pérdida que, en pocas palabras, puede traducirse en este concepto abstracto de "vacío sepulcral".

PARTIR
NÃO DEIXA
DE ESTAR PRESENTE

The tomb is a simple volume that appears to levitate quietly over the ground, clladed on the outside by slices of softened black granite stone and on the inside, on all surfaces, by hairline finishing stainless steel panels, in clear contrast and material dichotomy between the "shell" and its "content". Inside, details like a cross cut on the ceiling and a flower deposit integrated on the bench reinforce the obvious symbolic meaning of this object.

La tumba es un volumen sencillo que parece que levita en silencio sobre el suelo, cuyo exterior está revestido con piedras pulidas de granito negro y, en todas las superficies del interior, utiliza paneles de acero inoxidable con un acabado fino, que presenta un claro contraste y una dualidad de materiales entre el "envoltorio" y su "contenido". Dentro, detalles como el símbolo de la cruz en el techo y un depósito para flores integrado en el banco refuerzan el claro significado simbólico de este objeto.

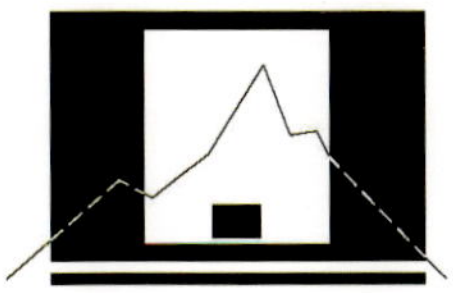

1

Concept abstract reference _ Concepto abstracto de referencia

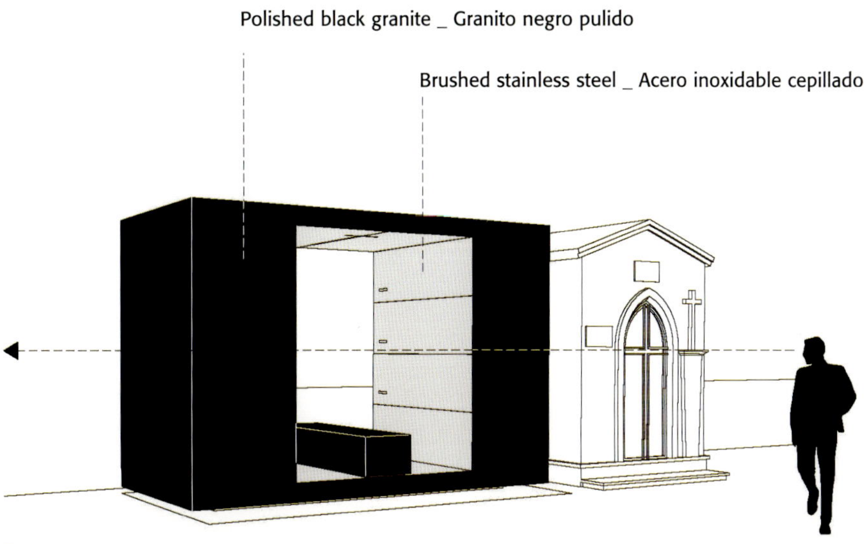

2

3D model _ Modelo en 3D

153

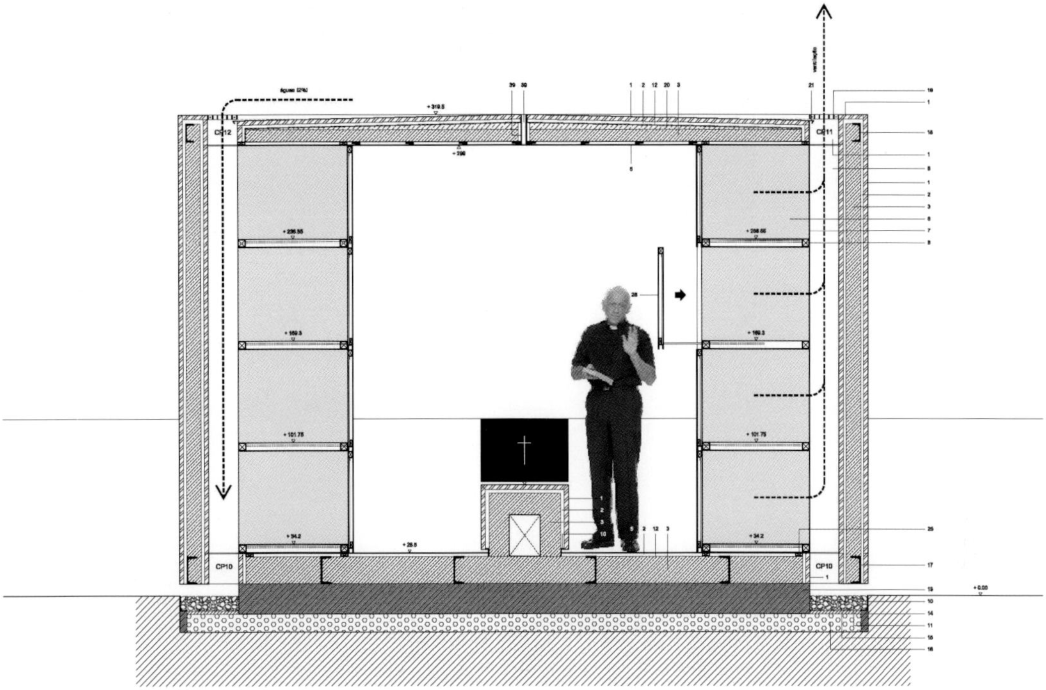

Detailed section 1 _ Sección detallada 1

corte D

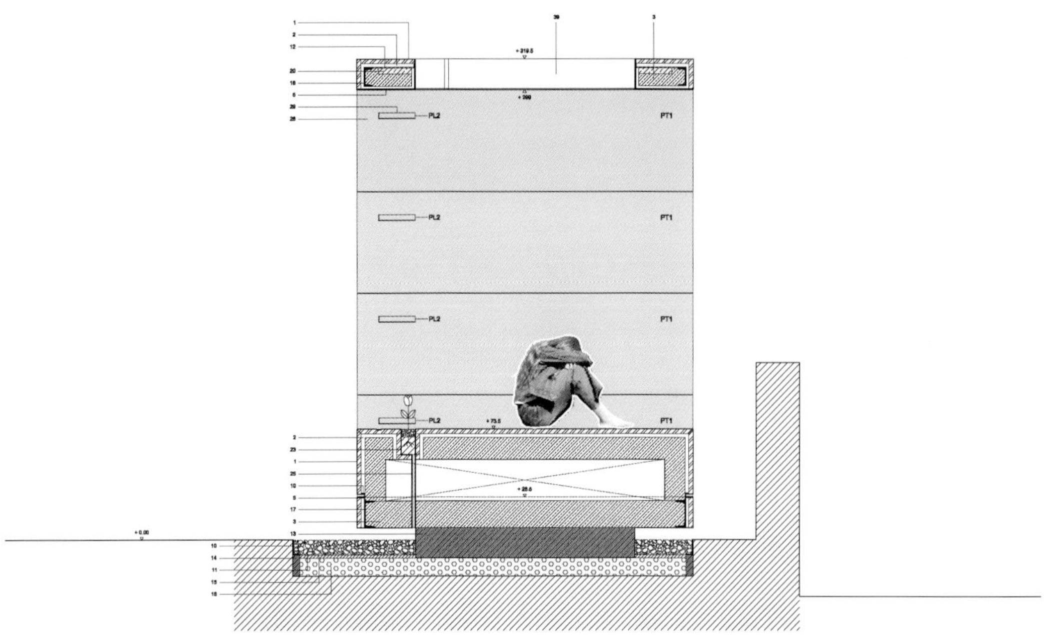

Detailed section 2 _ Sección detallada 2

corte B

110
108
107
105
90
89

The idea behind the construction of this tomb consisted on the full assembling of its pre-fab metal structure in a factory, formed by steel profiles, tubes and rods (as well as all its stainless steel surfaces), in order to assure right from the start a greater precision in its execution. Subsequently, this structure was put into a truck, transported from the factory to the cemetery, and then placed on site by a crane (on a concrete plinth built in-situ). Finally, concrete was poured over this structure (slabs and side walls) and the stone cladding was done.

La idea que hubo detrás de la construcción de esta tumba consistía en ensamblar por completo la estructura de metal prefabricada en una fábrica, formada por contornos de acero, tubos y arandelas, así como todas las superficies de acero inoxidable, para garantizar, desde el principio, una gran precisión en su ejecución. Posteriormente, la estructura se puso en un camión, se transportó de la fábrica al cementerio y se colocó en su sitio con una grúa sobre un plinto de cemento construido en el mismo lugar. Por último, se vertió hormigón sobre la estructura (losas y muros laterales) y se procedió al revestimiento de piedra.

1

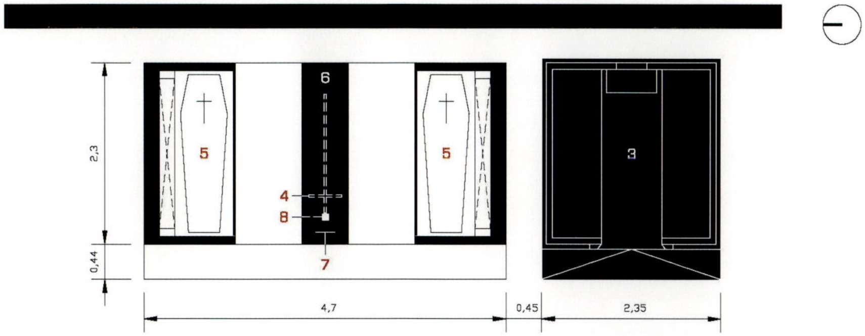

Plan _ Planta

2

Longitudinal section _ Sección longitudinal

1. Plan
2. Longitudinal section
3. Adjacent storage
4. Cropped cross
5. Urn modules
6. Surface for urns (ritual + bench)
7. Space for inscriptions
8. Flower holder

1. Planta
2. Sección longitudinal
3. Depósito contiguo
4. Cruz recortada
5. Módulos para urnas
6. Superficie para colocar urna (ritual + banco)
7. Espacio para inscripciones
8. Depósito para flores

miniHome

Sustain Design Studio
Altius Architecture

Location: Varies
2011
Area: 42 m^2
Photos: Sustain Design Studio
www.sustain.ca

Sustain Design Studio delivers affordable, prefabricated and environmentally sensitive homes for living, work and play. Beautiful and functional design is a cornerstone of those prefab products that prove quality and affordability can co-exist. After several years of prototyping and development they were ready to manufacture a new generation of miniHomes, like the one presented here. Their work is internationally recognized for its contemporary design and ecological vision. Founded in 2002, Sustain Design Studio continues upgrading in the environmental prefab market. Their first model, the miniHome SOLO, was promoted by legendary environmentalist David Suzuki and was featured in *O, The Oprah Magazine*. Based in Toronto, works in partnership with Altius Architecture to capitalize on existing expertise in design and building science. A relationship that allows for the research and development of high-end experimental projects that can then be tested and applied to affordable modular solutions for consumers. Their team of architects and consultants works with individuals, communities, governments, and commercial clients from Canada and the United States to create an ideal environmentally conscious home or workspace.
The Duo 36+12 offers all the advantages of the Solo 36 with the benefit of an additional room and almost 30 m^2 of outdoor deck space. Whether used as a bedroom, quiet office or as additional living space the Duo 36/12 offers ample space for day-to-day living or as a stand-alone vacation home or cottage.

Sustain Design Studio realiza casas asequibles, prefabricadas y ecológicas para vivir, trabajar y divertirse. El diseño bonito y funcional es el pilar de estos productos prefabricados que demuestran que la calidad y la asequibilidad pueden coexistir. Tras varios años haciendo y desarrollando prototipos, estaban listos para fabricar una nueva generación de miniHomes (minihogares), como la que se muestra aquí. Su trabajo es reconocido a nivel internacional por su diseño contemporáneo y su visión ecológica. Fundada en 2002, Sustain Design Studio sigue mejorando en el mercado de la prefabricación ecológica. Su primer modelo, la miniHome SOLO, fue promocionada por el legendario ecologista David Suzuki y salió en la revista *O: The Oprah Magazine.* Con base en Toronto, trabajan conjuntamente con Altius Architecture para sacar provecho de los conocimientos de diseño y edificación. Una relación que permite investigar y desarrollar proyectos experimentales avanzados que pueden probarse y aplicarse a soluciones modulares asequibles para los consumidores. Su equipo de arquitectos y especialistas trabaja con clientes individuales, comunitarios, gubernamentales y comerciales de Canadá y los Estados Unidos con el objetivo de crear una casa o un lugar de trabajo ideal y que respete el medio ambiente.
La Duo 36+12 ofrece todas las ventajas de la Solo 36, además de una habitación adicional y casi 30 m^2 de terraza descubierta. Ya sea usada como dormitorio, estudio tranquilo o espacio adicional para la sala de estar, la Duo 36+12 ofrece un amplio espacio para el día a día o como residencia vacacional independiente o casita de campo.

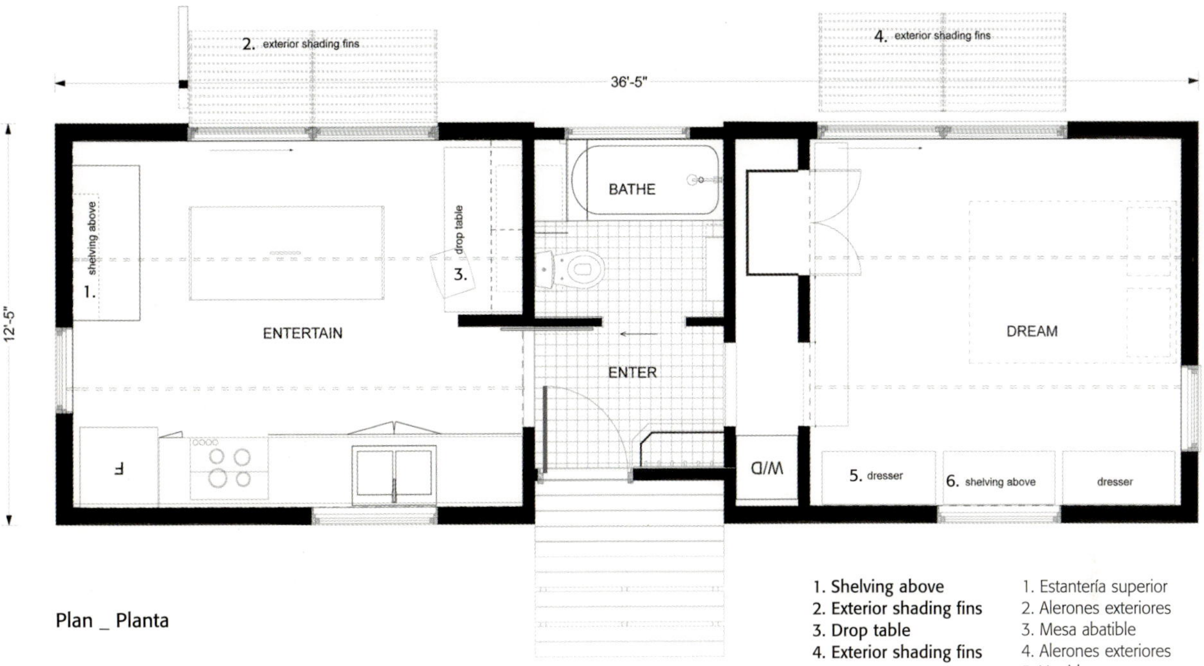

Plan _ Planta

1. Shelving above
2. Exterior shading fins
3. Drop table
4. Exterior shading fins
5. Dresser
6. Shelving above

1. Estantería superior
2. Alerones exteriores
3. Mesa abatible
4. Alerones exteriores
5. Vestidor
6. Estantería superior

MiniHomes are quite simply at the forefront of the global green revolution in home construction. Embodying the best in contemporary design, those affordable prefab homes exemplify the highest standards of modern residential design, materials and technology to create beautiful, energy efficient and enduring dwellings. Most of the science behind building a green home is taking into account smart design, energy efficiency and locally sourced materials. It's clear that Sustain team take these elements into consideration with the miniHome.

Las miniHome están, sin ninguna duda, al frente de la revolución ecológica global de la construcción de viviendas. Incorporando lo mejor en el diseño contemporáneo, estas casas prefabricadas asequibles ejemplifican los estándares más elevados del diseño residencial moderno, los materiales y la tecnología para crear viviendas bonitas, energéticamente eficaces y duraderas. Es evidente que el equipo de Sustain tiene en cuenta estos elementos en la miniHome.

25 Hurst Avenue

Waugh Thistleton

Location: Highgate, London, UK
2011
Area: 357 m²
Photos: Bliss Space
www.blissspace.co.uk

Located in the heart of London's prestigious Highgate (the former home of Richard Hamilton, creator of Brit Pop Art and the creative genius behind the cover design and poster collage for the Beatles' White Album), 25 Hurst Avenue is a blueprint for sustainable 21st century living. It's a brand new home boasting about 350 square meters of exciting and inspiring space occupying an elevated position with open and direct views across playing fields in a highly sought after location. Based on a modern sustainable lifestyle, is a refreshing, original and distinctive home built using innovative, sustainably focused construction processes, methods and materials that form the core of the development. These methods allowed for a short and efficient build programme where the main superstructure took six men just six days to build a modern masterpiece.

This environmentally friendly development features a number of cutting-edge materials, including Kebony wood and cross-laminated timber panels. 25 Hurst Avenue is the first UK home to use the tropical hardwood substitute and the KLH's cross-laminated timber. Kebony wood is an award-winning sustainable alternative to endangered tropical hardwoods such as teak and preservative treated timber. Through an environmentally friendly process called *kebonization*, wood species such as maple, pine and beech are given the same aesthetic and physical properties as the rain forest timber. The wood product can be used for decking, cladding, roofing, windowing and indoor/outdoor furniture. The KLH panels form the structure of the build, omitting the need for steel supports or a concrete frame.

Ubicada en el centro del prestigioso Highgate londinense (el antiguo hogar de Richard Hamilton, creador del arte pop británico y genio creativo del diseño de la portada y el *collage* para el disco *White Album* de los Beatles), la 25 Hurst Avenue es el patrón de la vivienda sostenible del siglo XXI. Es una flamante casa que cuenta con un espacio excitante e inspirador de 350 m² y ocupa una posición elevada con unas vistas abiertas y directas a los campos de juego en un lugar muy codiciado. Basada en un estilo de vida sostenible, es una casa refrescante, original y peculiar, creada mediante procesos, métodos y materiales de construcción innovadores y sostenibles, que son la esencia del desarrollo. Estos métodos tuvieron en cuenta un programa de edificación breve y eficaz, en el que seis hombres sólo tardaron seis días en construir la superestructura principal, una moderna obra maestra.

Este desarrollo ecológico se caracteriza por una serie de materiales vanguardistas, incluyendo la madera Kebony y paneles de madera laminada. La 25 Hurst Avenue es la primera casa del Reino Unido en utilizar el sustituto de la madera dura tropical y la madera laminada de KLH. La madera Kebony es una galardonada alternativa sostenible de la madera dura en peligro, como la teca y la madera tratada. Mediante un proceso ecológico llamado *kebonización*, a las especies de madera, como el arce, el pino y el hayedo, se les da las mismas propiedades estéticas y físicas que a la madera tropical. El producto de madera sirve para entarimados, revestimientos, tejados, ventanas y mobiliario interior o exterior. Los paneles de KLH forman la estructura del edificio, sin tener que recurrir a los soportes de acero o a un armazón de hormigón.

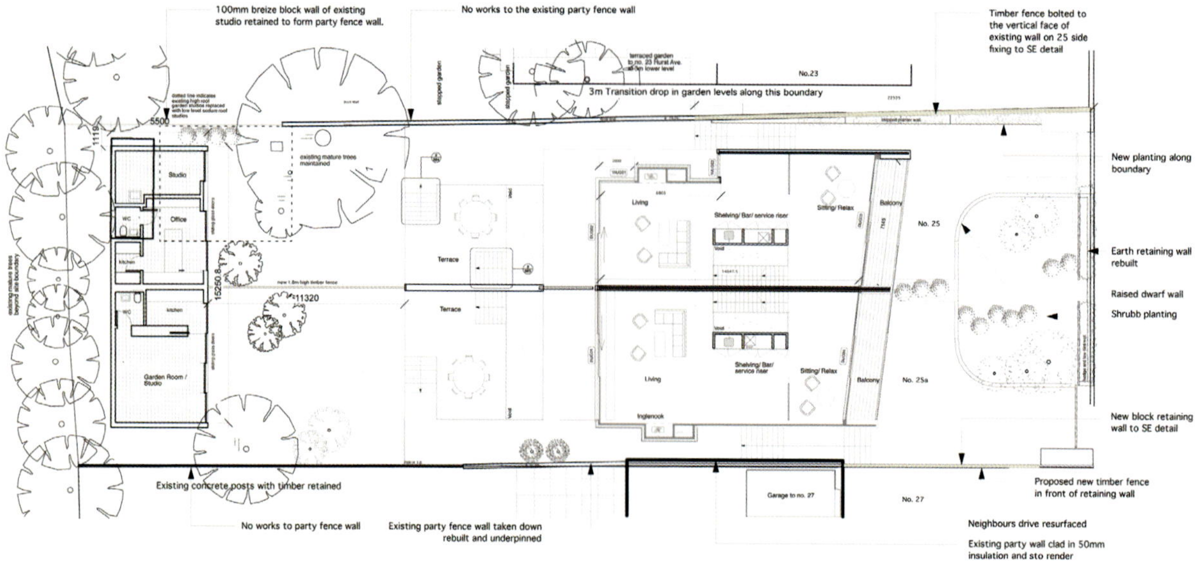

Site plan _ Plano de situación

KLH UK's solid timber construction is one of the simplest methods of contributing to low-carbon, carbon-neutral, or even carbon-negative construction.

La construcción de madera sólida del Reino Unido de KLH es uno de los métodos más simples para contribuir a una construcción con niveles bajos, neutros o, incluso, nulos de emisiones de carbono.

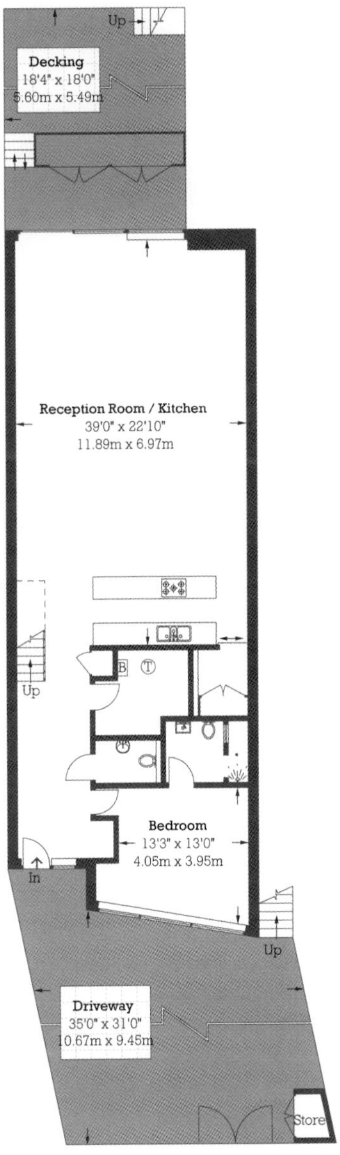

Ground floor _ Planta baja

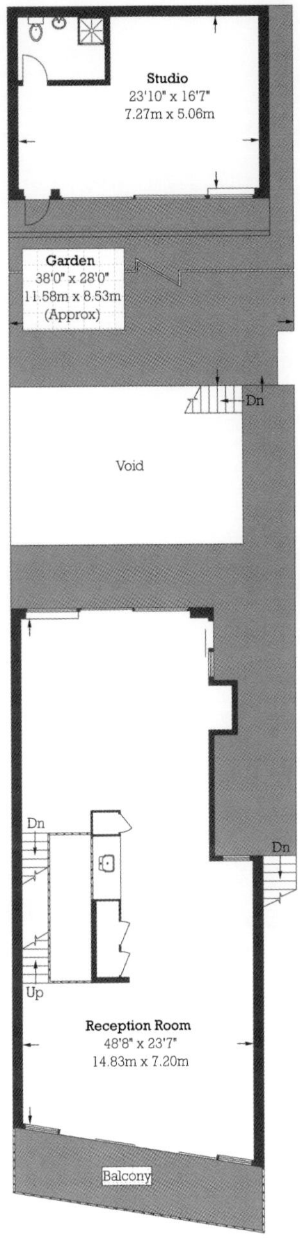

Upper ground _ Planta superior

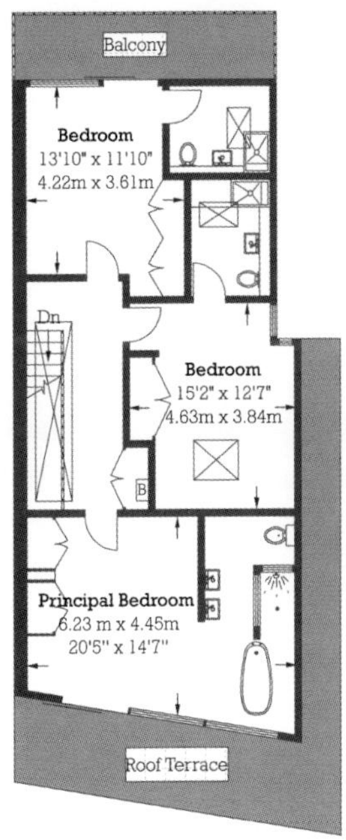

First floor _ Planta primera

Designed for inspirational and open living, the layout of the property draws on that of a Moroccan Riad bringing the outside 'in' through sliding glass walls, which afford spectacular open views over playing fields and Tennis court courtesy of its picturesque elevated position. A separate Garden Lodge with an additional studio living space incorporating en suite shower room compliments the substantial living space.

Diseñada para vivir de manera estimuladora y abierta, el diseño de la propiedad se inspira en un jardín musulmán que trae el exterior al interior mediante ventanales corredizos que proporcionan unas vistas espectaculares de los campos de juego y la pista de tenis, gracias a su posición elevada. Una zona ajardinada separada con un espacio adicional para un estudio y con baño incorporado cumple con el espacio sustancial para vivir.

1. Entarimado de madera sobre listones
2. Acabado de Tarmac
3. Unión con el desagüe del tubo para la bajada de aguas pluviales
4. Puerta principal
5. Desagüe Aco
6. Protector de umbral para evitar la entrada de agua
7. Terreno asfaltado colocado en pendiente

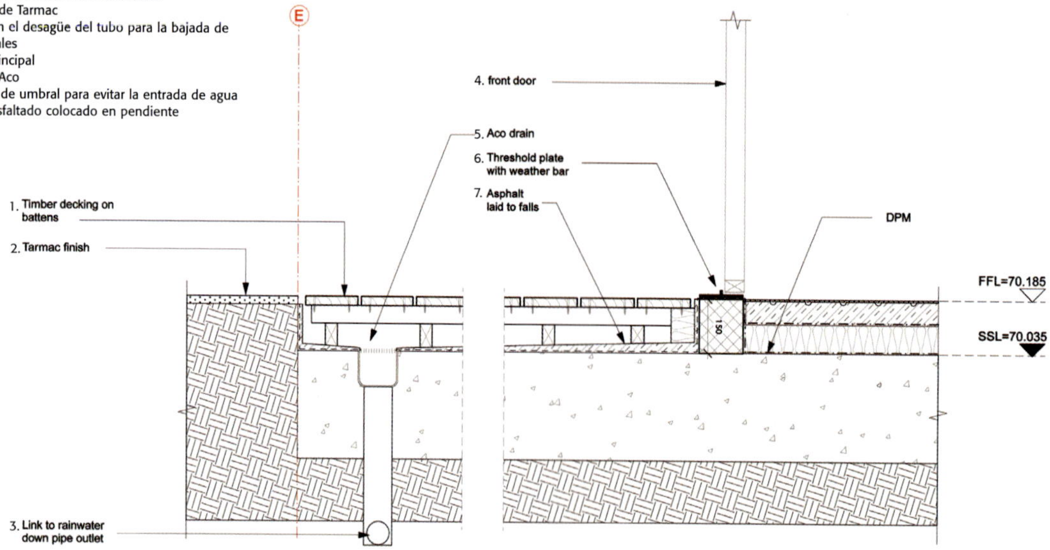

Main door. Ground floor _ Puerta principal. Planta baja

1. Barandilla de vidrio superior
2. Entarimado de madera sobre listones
3. Los listones están dispuestos en la pendiente para que el agua pueda correr
4. Lámina protectora resistente al agua
5. Panel de madera frente a la puerta corredera
6. Canal de desagüe
7. Puerta corredera con sistema Fineline o de dos carriles

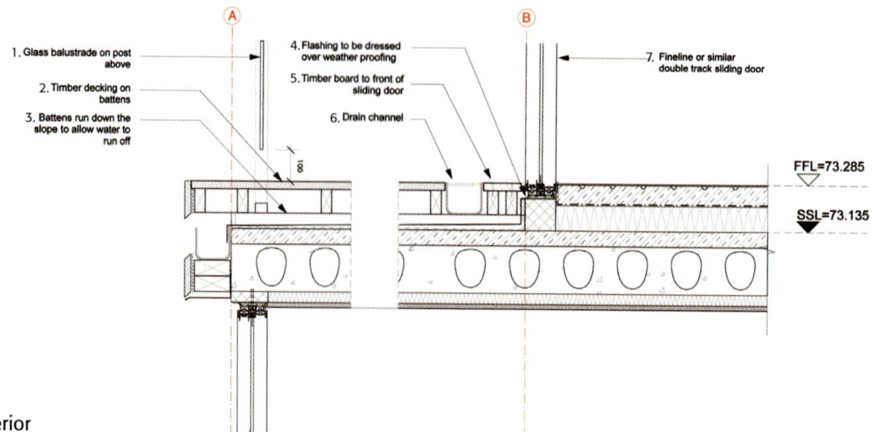

Rear terrace. Upper floor
Terraza posterior. Planta superior

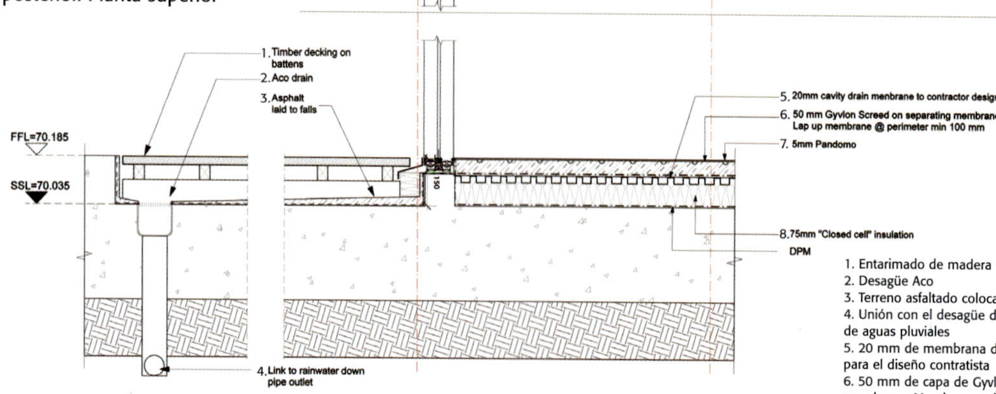

1. Entarimado de madera sobre listones
2. Desagüe Aco
3. Terreno asfaltado colocado en pendiente
4. Unión con el desagüe del tubo para la bajada de aguas pluviales
5. 20 mm de membrana de drenaje de la cavidad para el diseño contratista
6. 50 mm de capa de Gyvlon para separar la membrana. Membrana solapada un perímetro mínimo de 100 mm
7. 5 mm de Pandomo
8. 75 mm de aislamiento de «células cerradas»

Rear terrace. Ground floor _ Terraza posterior. Planta baja

1. Muro de carga de madera de 94 mm
2. Sistema de enlucido Sto / aislamiento de 80 mm o uno similar aprobado / color blanco
3. VCL Tyvek frente al KLH
4. Membrana de Bituthene solapada y adherida sobre TOC
5. Detalle del goteo de la capa repelente al agua de 150 min inferior
6. Lograr el nivel de fijación de KLH a R/C, nivelando los componentes como recomienda KLH
7. Reborde de R/C de 100 m
8. Enlosado de 40 mm
9. Esparcido de arenisca de 100 mm
10. Panel subterráneo de EPS de Sto de alta densidad o uno similar aprobado
11. Bituthene 8000 frente a la mampostería de bloque de hormigón
12. Junta de estanquidad
13. Losa de 150 mm de Holocore con una cubierta de 50 mm
14. Aislamiento de poliestireno de Kingspan de 80 mm
15. Muro de hormigón reforzado de 300 mm
16. 5 mm de membrana de drenaje de la cavidad para el diseño contratista
17. Canal de agua para el sistema de drenaje de la cavidad
18. Junta de estanquidad
19. 35 mm de aislamiento de lana mineral
20. 15 mm de placas de escayola
21. Barrera de vapor
22. 20 mm de membrana de drenaje de la cavidad para el diseño contratista
23. 50 mm de capa de Gyvlon para separar la membrana. Membrana solapada un perímetro mínimo de 100 mm
24. 5 mm de Pandomo
25. Aislamiento de 75 mm de Celotex FF3000. Juntas unidas
26. DPM

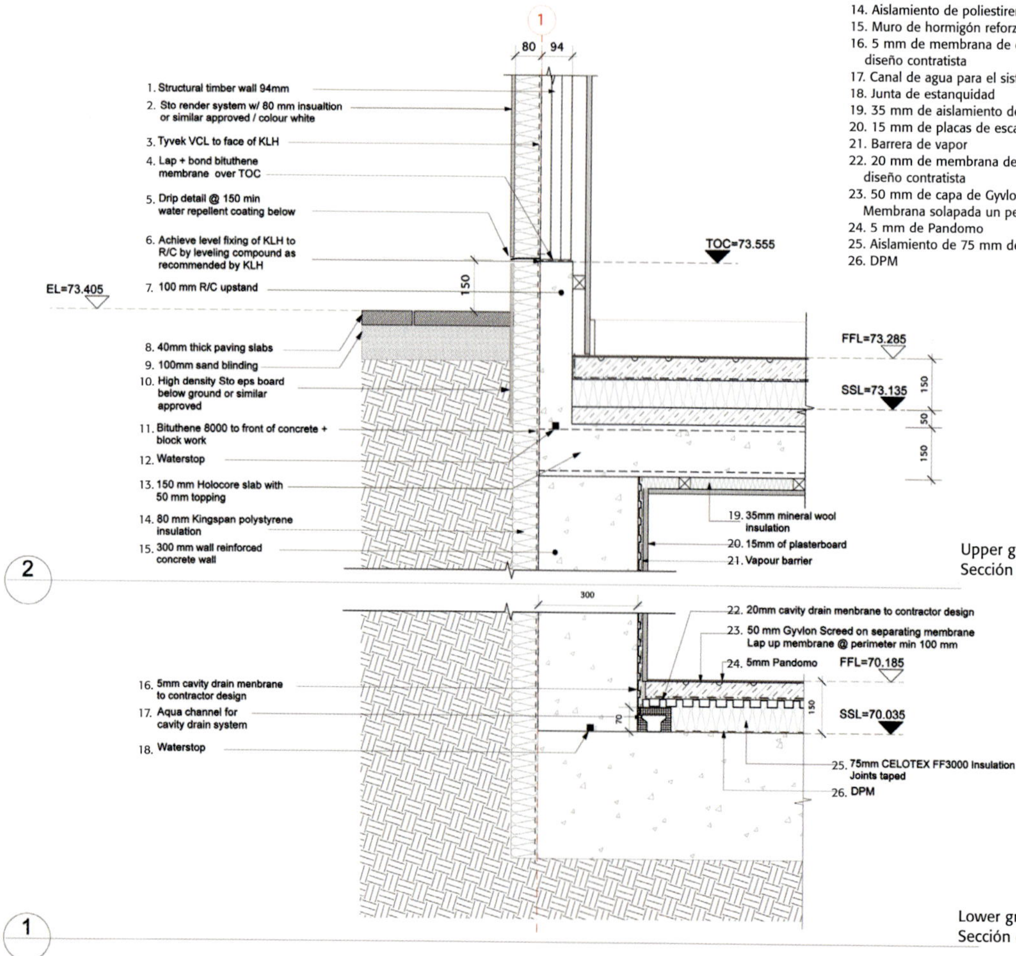

Upper ground section
Sección del piso superior

Lower ground section
Sección del piso inferior

Main façade detail _ Detalle sección por fachada principal

SU-SI

Johannes Kaufmann Architektur

Location: Dornbirn, Vorarlberg, Austria
2010
Area: 52 m²
Photos: NAM Architekturfotografie
www.jkarch.at

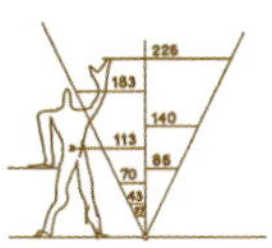

SU-SI is a transportable small scale-housing prototype that proves that it is possible to develop architecture of a high technical and aesthetic quality using modular and prefabricated elements. The wood, a material with which Johannes Kaufmann Architektur is very familiar, is used extensively for structural pieces as well as interior and exterior partitions, instilling these small spaces with plenty of character.

SU-SI was manufactured in five weeks, transported by road and placed by crane on the prefabricated foundations, which had been previously installed on the terrain. The electricity, water and other elements were quickly connected and a house for a small family was ready for use. The property is heated using a pellet heater located in the living room, and also has a controlled load and natural ventilation. Local Picea fir trees were used for the construction. It was an important part of the project to use sustainable and ecological construction materials alongside modern architecture, therefore instilling the property with exceptional qualities. The whole structure and envelope, both inside and out, were made exclusively in wood or materials derived from wood. Aside from the low maintenance costs, owing to excellent insulation properties, the operational costs for the whole construction and subsequent assembly processes were also kept to a minimum.

SU-SI es prototipo de vivienda transportable de pequeña escala, que demuestra que es posible desarrollar una arquitectura de gran calidad técnica y estética atrayente trabajando con elementos modulares y prefabricados. La madera, un material con el cual Johannes Kaufmann Architektur está muy familiarizado, se emplea aquí de forma extensiva tanto en piezas estructurales como en los cerramientos interiores y exteriores, dando un fuerte carácter a estos pequeños espacios.

SU-SI fue entregado después de una producción en fábrica de 5 semanas, trasladado por carretera y colocado con una grúa sobre los cimientos prefabricados previamente instalados en el terreno. Rápidamente se realizaron las conexiones de electricidad, agua, etc., y la casa de una familia pequeña ya estaba disponible para su uso. La vivienda se calienta una estufa de pellet situada en la sala de estar, aunque también dispone de una carga controlada y ventilación natural. Para la producción se utilizó madera local de abeto Picea.

Fue también importante en este proyecto el uso de materiales de construcción sostenible y ecológica en conjunto con un arquitectura moderna, proveyendo al proyecto de valores específicos muy remarcables. Toda la estructura y el revestimiento, tanto exterior como interior fueron ejecutados exclusivamente con madera o materiales provenientes de la madera. Además del mantenimiento de bajo coste debido a las excelentes propiedades del aislamiento, también se logran bajos costos de operación en todo el proceso constructivo y de montaje posterior.

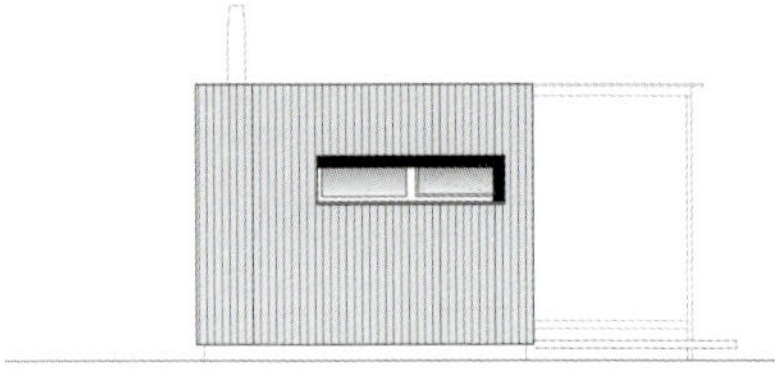

Northwest elevation _ Alzado noroeste

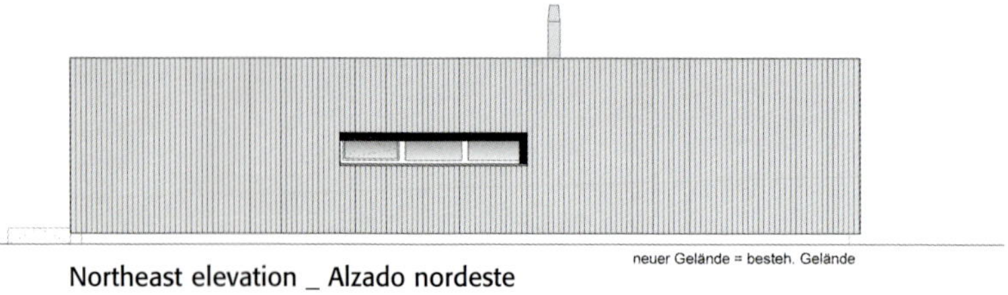

Northeast elevation _ Alzado nordeste

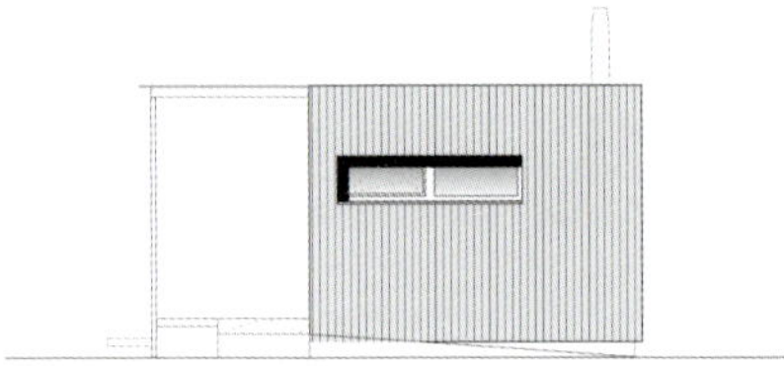

Southeast elevation _ Alzado sureste

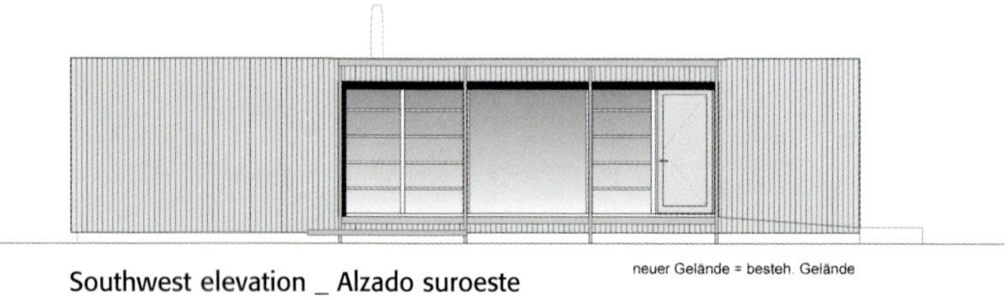

Southwest elevation _ Alzado suroeste

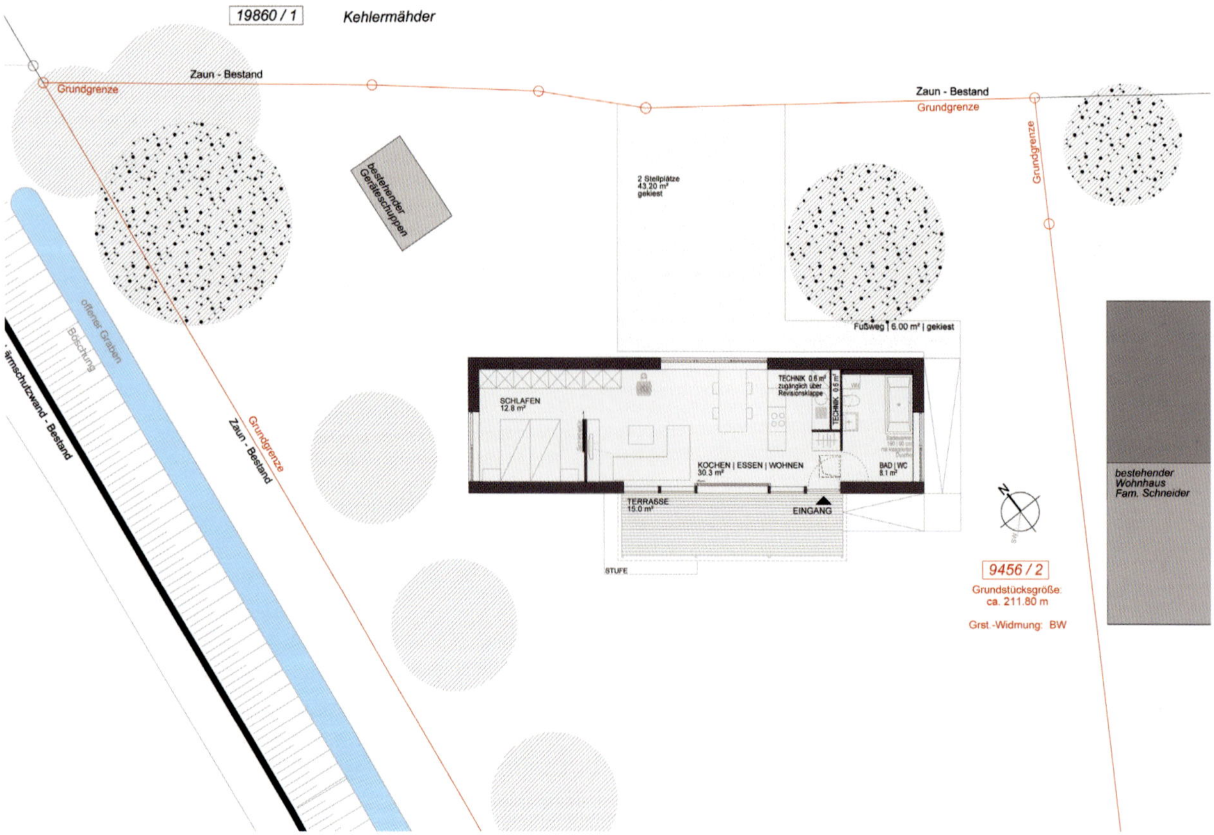

Site plan _ Plano de situación

M_House

EPIPHYTE Lab. Dana Čupková & Kevin Pratt

Location: Buffalo, New York, USA
2009
Area: Varies
www.epiphyte-lab.com

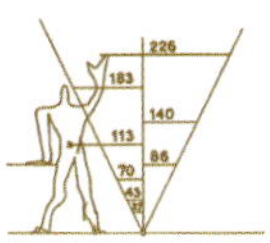

The M_House system is intended for the rapid design and fabrication of moderate size single-family homes. It is based on a two stage assembly process in which prefabricated components (panels and ribs) are brought together to form discreet 12' wide prefabricated modules which are then shipped to the site, placed on a foundation, and joined. The M_House is designed using a 3D parametric CAD model that allows for rapid reconfiguration of the basic construction system. Thus, one can test multiple morphological, performative and programmatic strategies efficiently.
The ribs of the M_House are assembled out of 3 overlapping layers of plywood. Their depth allows for 3 sections to be cut from a sheet of material. The templates for the end cuts are generated by the CAD system. The depth of the rib allows the infill panels to be staggered without curving them, enabling the creation of morphological variation. All the components of the M_House are flat, and the fact that the ribs are wood means that thermal bridging problems are minimized. The ribs are placed with a clear opening, so the lightweight infill panels can be assembled from stock materials and their framing can be sized to accommodate appropriate insulation, carry windows or any number of cladding materials, as well as solar thermal or photovoltaic devices.

El sistema de la M_House está enfocado al rápido diseño y fabricación de viviendas unifamiliares de tamaño mediano. Se basa en un proceso de ensamblaje de dos pisos en el que los componentes prefabricados (paneles y vigas) se unen para formar discretos módulos de un poco más de 3 metros y medio de ancho que, más tarde, se llevan al lugar, se colocan en los cimientos y se unen. La M_House se ha diseñado empleando un modelo paramétrico y tridimensional asistido por ordenador que permite la rápida reconfiguración del sistema de construcción básico. De este modo, es posible probar múltiples estrategias morfológicas, performativas y programáticas de manera eficiente.
Las vigas de la M_House están montadas con tres capas superpuestas de madera contrachapada. Su profundidad permite que se pueda cortar por tres secciones a partir de una capa de material. Las plantillas para cortar los extremos se generan mediante el sistema CAD. La profundidad de la viga permite que los paneles de relleno se contrapeen sin curvarlos, permitiendo la creación de una variedad morfológica. Todos los componentes de la M_House son planos y el hecho de que las vigas sean de madera implica que los problemas relacionados con el puente térmico se minimicen. Las vigas están colocadas con una clara abertura para que los paneles de relleno ligeros puedan montarse a partir de materiales corrientes y se puede medir su encuadre para dar cabida a un aislamiento adecuado, sostener ventanas o cualquier otra cantidad de materiales de revestimiento, así como dispositivos fotovoltaicos o solares térmicos.

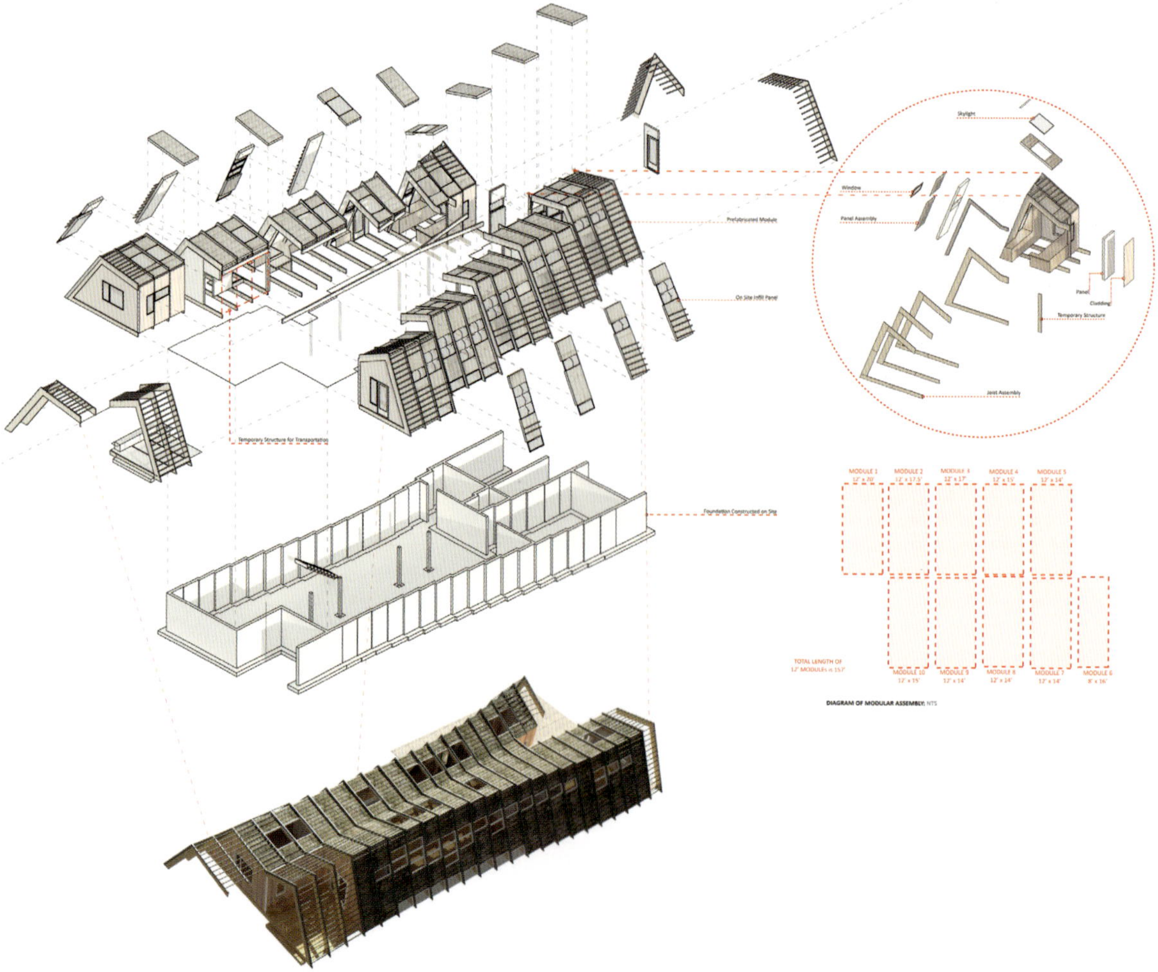

Axonometry & assembly _ Axonometría y ensamblaje

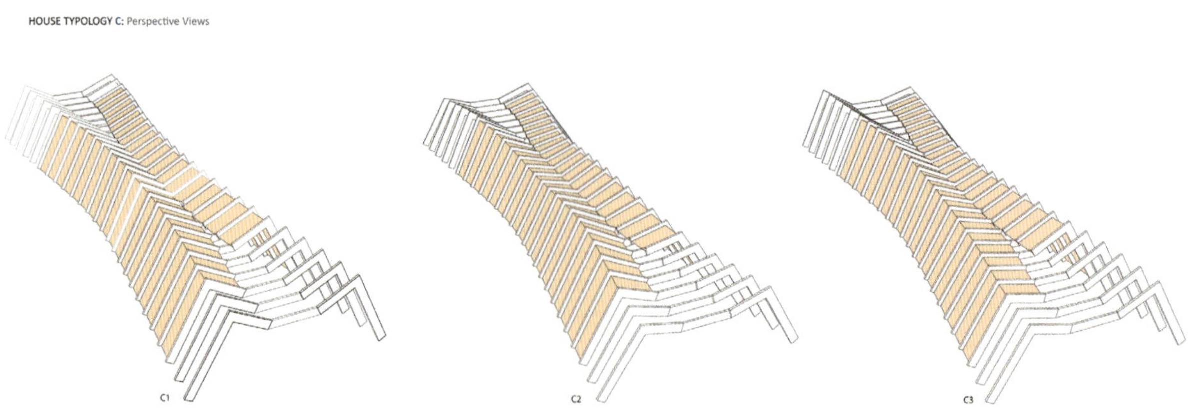

Perspective view _ Perspectiva

The CAD system interactively reassembles the building as changes are made to control geometry, and can check when a model exceeds particular design parameters, such as ceiling height, interior volume or roof pitch.

El sistema CAD (diseño asistido por ordenador) monta interactivamente de nuevo el edificio a medida que se realizan cambios para controlar la geometría y puede comprobar si un modelo supera parámetros de diseño específicos, como la altura del techo, el volumen interior o la inclinación del tejado.

North elevation _ Alzado norte

South elevation _ Alzado sur

Elevations _ Alzados

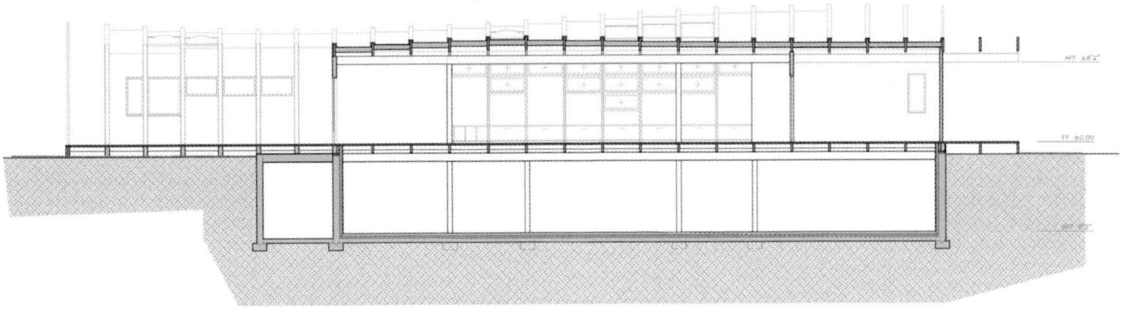

Longitudinal section _ Sección longitudinal

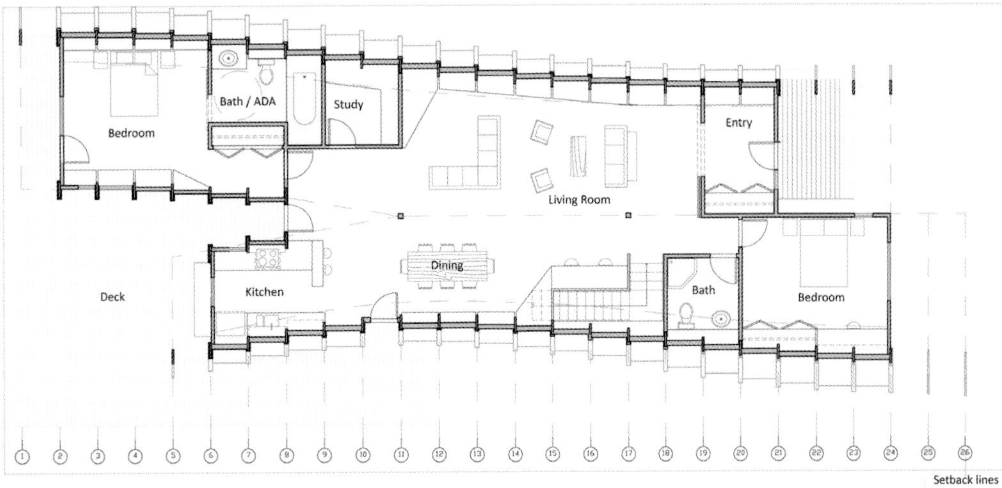

Floor plan _ Planta

Property lines

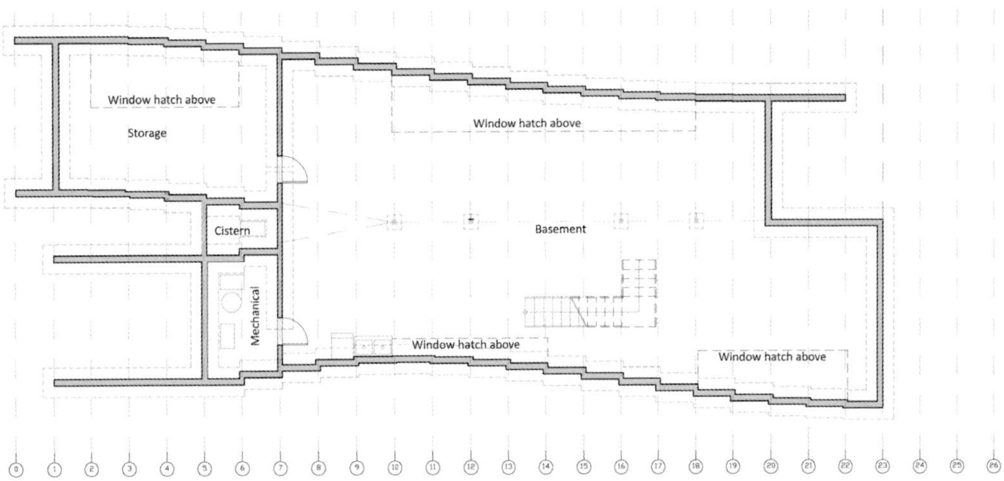

Basement plan _ Planta sótano

The distinctive butterfly roof section allows day lighting to be concentrated in the centre of the space, and the varying ridge heights shade south facing skylights from direct sun in the morning and evening. The butterfly also facilitates the collection of rainwater that drains into a cistern in the crook of the bifurcation. Finally, the butterfly form captures snow in the winter, which acts as an effective roof insulator when temperatures are below freezing.

La característica sección del tejado en v permite que la luz del día se concentre en el centro del espacio y las alturas variables de los rebordes protegen los tragaluces orientados al sur del sol directo de la mañana y la tarde. La forma en v también facilita la recolección de agua de lluvia que se drena en una cisterna en el pliegue de la bifurcación. Por último, dicha forma capta la nieve del invierno, que actúa como un eficaz aislante del tejado cuando las temperaturas llegan a bajo cero.

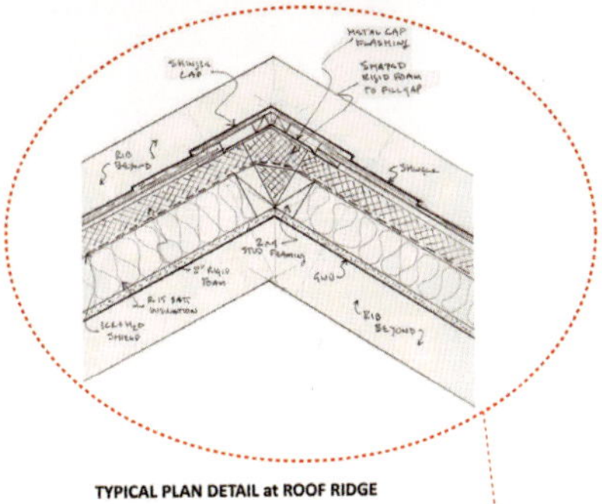

TYPICAL PLAN DETAIL at ROOF RIDGE

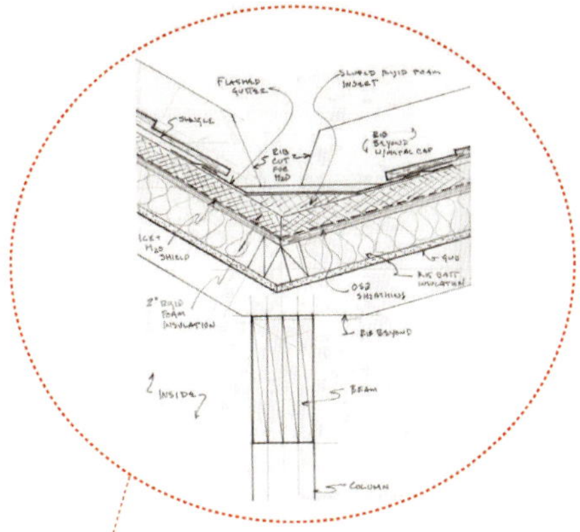

TYPICAL SECTION DETAIL at ROOF VALLEY

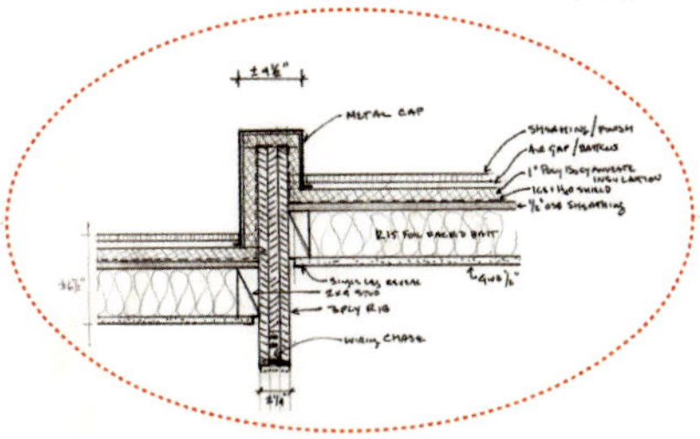

TYPICAL PLAN DETAIL at RIB

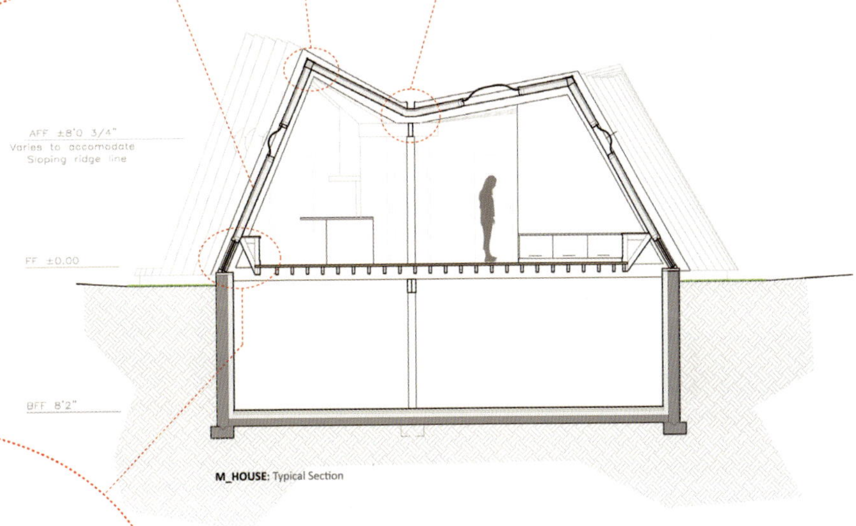

M_HOUSE: Typical Section

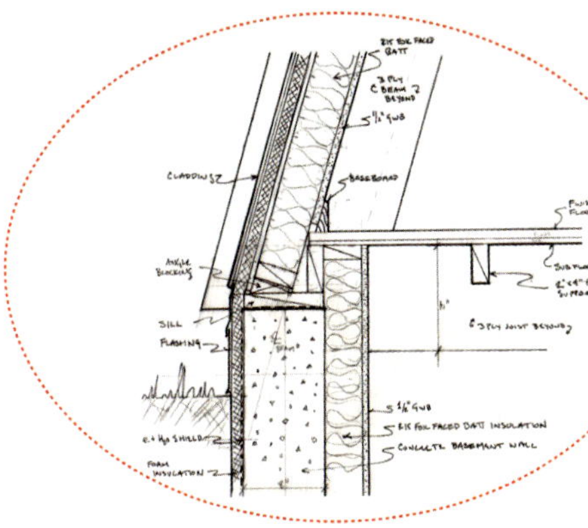

TYPICAL SECTION DETAIL at SILL

Sections _ Secciones

Pet Spa

DCPP arquitectos

Location: Dekalb Market, New York City, USA
2011
Area: 15 m^2
Material: Steel container. Contenedores de acero
Rendering: DCPP arquitectos
www.dcpparquitectos.com

Pet Spa is located in the Dekalb Market, in Brooklyn, New York. The project consisted in creating a business premises using a 2.4 x 6 x 2.9 metre container. The idea was to showcase the dog washing process as well as recycle the construction materials and energy and technology used. The main idea was to increase the habitable space of a container using a modular system, without the need for an additional structure but using every element of the original container; a process of decomposition and reuse in which every piece removed was used somewhere else for another purpose, thereby instilling a sense of sustainability into the project.

Pet Spa was designed to create renewable architecture that offers a solution for the inhabitants of Brooklyn and particularly dog lovers who visit Dekalb Market and need a place to leave their pets while shopping, with the added advantage of being able to use the services on offer. The project, which is in keeping with its function and environment, is also based on efficiency: organising the elements was the most efficient way of creating a habitable space with a lower section fitted with cages to house the animals. Also, the remaining parts of the containers were transformed into the bathing tables.

Pet Spa se ubica en el Mercado Dekalb, en Brooklyn, Nueva York. El proyecto consistió en crear un espacio comercial a partir de un contenedor de 2,4 x 6 x 2,9 metros. Se buscó mostrar el proceso de lavado de perros con un sentido de reciclaje, tanto del material de construcción como de la energía y tecnología utilizadas en el proceso. La idea principal fue aumentar el espacio habitable de un contenedor mediante un sistema modular y sin necesidad de utilizar una estructura adicional a la vez que no se perdiese parte alguna del contenedor; un sistema de descomposición y reutilización en el que cada pieza que se remueve, se utiliza en otro lugar y se le da un nuevo uso, concediéndole un sentido pleno de sustentabilidad al proyecto.

Pet Spa se diseñó bajo la premisa de crear una arquitectura renovable que actúe como una solución a los habitantes de Brooklyn y en especial a los amantes de perros que van al Dekalb Market y necesitan un lugar para dejar a sus mascotas mientras visitan el mercado, con la ventaja de tener la posibilidad de que se las bañen. El proyecto, al mismo tiempo que es coherente con su función y su entorno, está basado en el concepto de eficiencia: el acomodo de los elementos es la forma más eficaz para tener una mayor área habitable y crear un espacio inferior que se convierte en jaulas para los animales. Así mismo, las piezas sobrantes del contenedor se transforman en las mesas de baño.

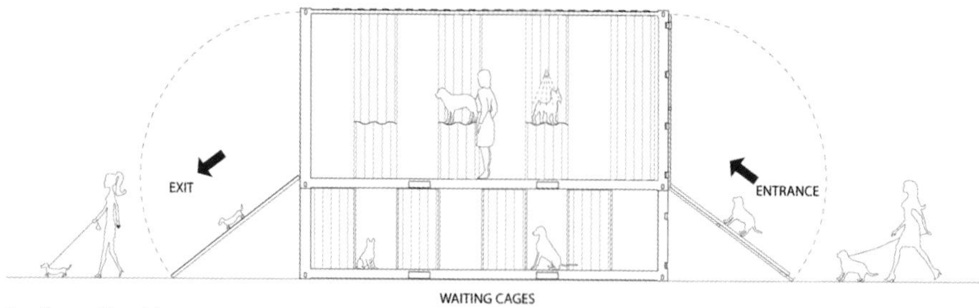

Section _ Sección

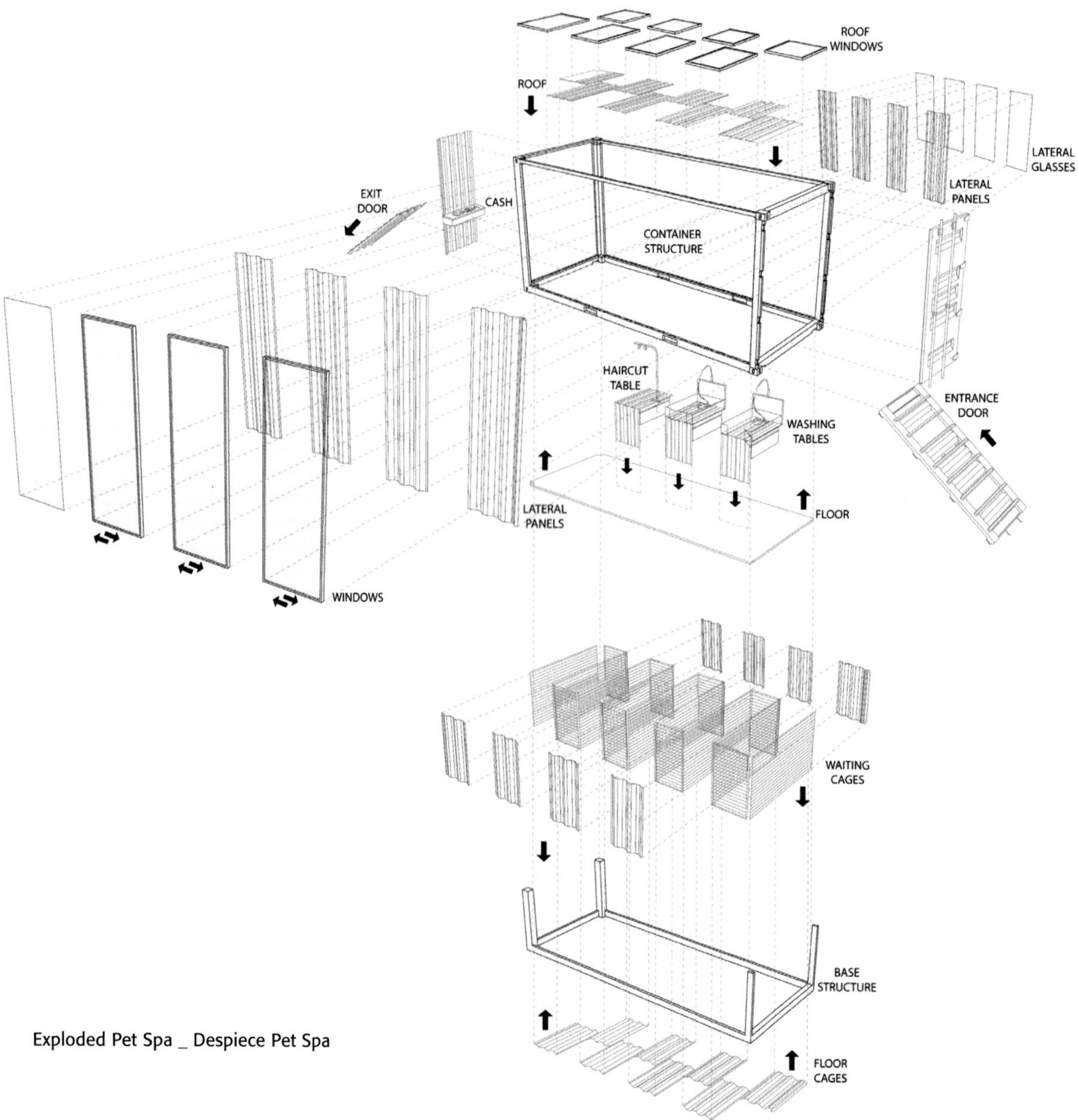

Exploded Pet Spa _ Despiece Pet Spa

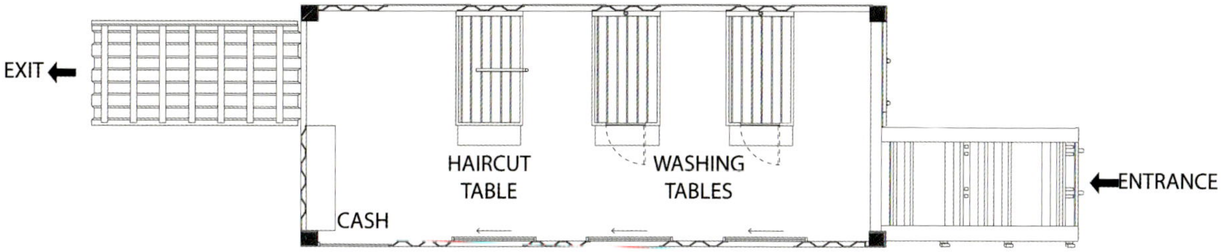

First floor _ Primer piso

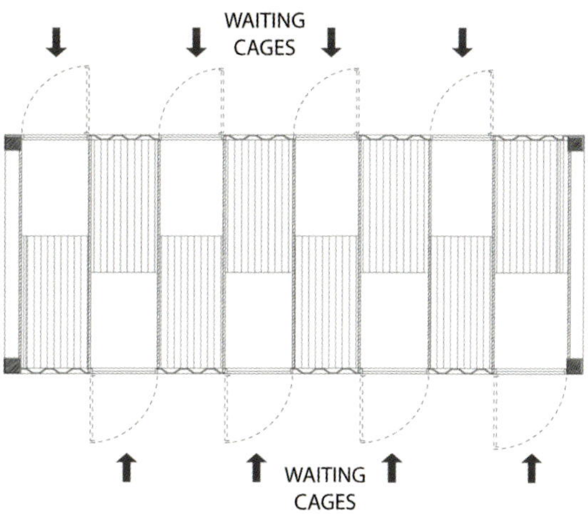

Ground floor _ Planta baja